国家图书馆史资料征集、整理与研究项目成果

中国记忆口述史

予知识以殿堂

国家图书馆馆舍建设（1975—1987）口述史

黄克武　谭祥金　金志舜　等　口述

李东晔　采访整理

国家图书馆出版社

图书在版编目（CIP）数据

予知识以殿堂：国家图书馆馆舍建设（1975—1987）口述史 / 黄克武等口述；李东晔采访整理. — 北京：国家图书馆出版社，2022.5

ISBN 978-7-5013-7234-8

Ⅰ.①予…　Ⅱ.①黄…　②李…　Ⅲ.①中国国家图书馆—建筑史—史料　Ⅳ.①TU242.3

中国版本图书馆 CIP 数据核字（2021）第 006621 号

书　　名	予知识以殿堂：国家图书馆馆舍建设（1975—1987）口述史
著　　者	黄克武　谭祥金　金志舜　等　口述
	李东晔　采访整理
责任编辑	邓咏秋　张晴池
责任校对	郝　蕾
封面设计	翁　涌

出版发行　国家图书馆出版社（北京市西城区文津街7号　　100034）
　　　　　（原书目文献出版社　北京图书馆出版社）
　　　　　010-66114536　63802249　nlcpress@nlc.cn（邮购）

网　　址	http://www.nlcpress.com
排　　版	九章文化
印　　装	河北鲁汇荣彩印刷有限公司
版次印次	2022年5月第1版　2022年5月第1次印刷

开　　本	710×1000　1/16
印　　张	17.5
字　　数	243千字

书　　号	ISBN 978-7-5013-7234-8
定　　价	88.00元

自　序

　　2017年3月初的一天，我意外接到一项新的工作任务——为纪念国家图书馆总馆南区（原北京图书馆新馆）建成30周年，需要配合国家图书馆研究院采访几位曾经亲历建设工程的老建筑师与老馆员。接到这项任务的我，既有些兴奋又倍感压力。兴奋是因为自己入职国图十年，终于等到了这件自己一直企盼却又一直无缘靠近的工作；压力则来自于时间紧、任务重，又缺少各种必要的准备。于是，一边仓促做着各项准备工作，一边就开机采访了。我们国家图书馆中国记忆项目工作团队经过半年的努力，不仅如期完成了任务，并在2017年10月12日举办的"国家图书馆总馆南区建成开馆30周年座谈会"上成功"首映"了短片《回望三十年》。

　　自2017年3月开始至今，这项被我们简称为"30年"的工作，让我一次又一次地收获感动。每一位接受采访的前辈回忆起三四十年前那段热火朝天的建设过程，依然饱含着激情与深情，饱含着对自己事业与国家的热爱。虽然当时条件艰难，但是举国上下、社会各界依然有如此多有识之士，一如既往地为国家的文化事业与文化建设投注巨大的热忱与努力。作为一个晚辈，我为此深深地感动。半年时间采访二十多位高龄受访者，对于任何一个人都是巨大的挑战。然而，我是幸运的！在应对挑战之余，与前辈们的交往令我内心倍感充盈，从工作中收获到的满足感亦是巨大的。当然，因为多种因素的制约，令我深感遗憾的是不能联系并采访到更多当年参与工作的人员。

　　四年过去，先后已经有黄克武先生与谭祥金先生两位受访者离开了我们。另外还有几位高龄受访者已经不能亲自审阅文稿，只能由他们的儿女代劳。我在整理与编辑书稿的一年多时间里，不断查阅资料、修改文字，与各位受访人或他们的子女们反复沟通。每当听到或看到大家对我们工作的各种关注、建议、肯定，甚至感谢，我便一次次地领悟到我们所做的每一件小事所承载的重大责任与意义。感谢各位接受采访并对我们工作给予无私关爱的前辈，我爱你们每一个人！

感谢国家图书馆各位领导与社会教育部各位领导的信任。感谢国家图书馆研究院同事马涛自始至终的鼎力支持与精诚合作。感谢国家图书馆基建处同事胡建平的前期工作、沟通联络与资料支持。感谢国家图书馆立法决策部研究馆员张曙光博士的无私支持，大海捞针般地帮助我们找到了诸如杨芸、李培林等人的宝贵资料。感谢中国记忆团队所有伙伴们的全力协作。感谢所有参与拍摄工作的同事，感谢同事赵亮和梦鸥在前期拍摄与后期剪辑中兢兢业业的付出，感谢社会教育部主任廖永霞，同事潘常青、范瑞婷、刘东亮、杜亚丽等友情审读书稿并提出宝贵意见。感谢在前期采访与后期书稿整理编辑工作中给予我帮助的所有单位与个人！

书名《予知识以殿堂》得益于社教部副主任田苗的灵感。感恩今生有此荣幸，让我置身中国国家图书馆，做一个历史与文化的记录者与守护者。谨以此书向所有为搭建人类知识殿堂付出心血与汗水的前辈致以最诚挚的敬意！

李东晔

2022 年 1 月 18 日

目　录

前言

围绕一座建筑的口述史

一、背景

1998年12月12日，北京图书馆（口述中多简称"北图"）改称中国国家图书馆（口述中多简称"国图"）。中国国家图书馆的前身是京师图书馆。20世纪初，在变法图强和西学东渐的背景下，有识之士奏请清政府兴办图书馆和学堂，以传承民族文化、吸收先进科学。1909年9月9日清政府批准筹建京师图书馆，馆舍设在北京广化寺。1912年8月27日京师图书馆开馆接待读者。1916年起，京师图书馆正式接受国内出版物的呈缴本，标志着开始履行国家图书馆的部分职能。百余年来，京师图书馆曾先后更名为国立北平图书馆、北京图书馆，以及今天的中国国家图书馆。

1975年，北京图书馆新馆[①]在周恩来总理的批示下立项、选址并开始设计建造。1987年7月1日，北京图书馆新馆建成，同年10月6日开馆，10月15日正式对公众开放。作为1949年以来，在国家领导人的关心下，倾全国之力自主设计建造的第一座也是目前唯一的国家级图书馆馆舍，北京图书馆新馆工程（口述中多简称"北图工程"）具有极为特殊的象征与里程碑意义。

---

① 后称"国家图书馆总馆南区"或"国家图书馆总馆一期"。本文以受访人叙述事件的发生时间为准，1998年国家图书馆更名前称"北京图书馆新馆"，在口述中多简称"北图新馆"，更名之后称"国家图书馆总馆南区"。

1988年3月,北京图书馆新馆工程以总票选第一的成绩荣膺"北京八十年代十大建筑";

2009年,国家图书馆总馆以第二名的身份入选新中国成立60周年"百项重大经典建设工程"(第一名为北京天安门广场建筑群);

2018年11月,国家图书馆总馆南区入选"第三批中国20世纪建筑遗产"名录。

早在20世纪五六十年代,由于当时的北京图书馆原馆舍过于狭小,建筑面积只有2.2万平方米,而藏书量已达880万册,并在逐年加速递增,中央有关领导就曾指示北京图书馆要扩建新馆。20世纪60年代末到70年代初,国家的各项事业经历了若干年的停滞。1971年,为满足中央查找资料的需要,北京图书馆开始恢复业务工作。1973年初,国家批准北京图书馆就地扩建4.1万平方米(此面积系就地扩建所允许的最大面积)。同年10月,周恩来总理在看过上报的扩建方案之后,亲自批示:"只盖一栋房子不能一劳永逸,这个地方就不动了,保持原样,不如到城外另找地方盖,可以一劳永逸。"[①]周总理不仅做了这个重要的批示,后来还在病中亲自审定了北京图书馆新馆建设方案,并特意将北图新馆工程嘱托给万里、谷牧等党和国家领导人。1973年刘季平任北京图书馆馆长,并于同年9月28日至11月5日,率中国图书馆代表团访美,到达当日即在白宫受到美国国务卿基辛格的接见。自此,中国国家图书馆踏上了由传统图书馆向现代化图书馆转型的漫漫征程。作为这一重要转型的物质基础,北京图书馆新馆工程也开始一步步地建设,从选址到方案,从图纸到施工,最终于1987年以一座14万平方米的"馆中有园,园中有馆"的建筑群呈现在了世人面前。

在1992年出版的《北京图书馆新馆建设资料选编》中这样写道:"新馆

---

① 李家荣,朱南,李以娣,等.北京图书馆新馆建设资料选编[G].北京:书目文献出版社,1992:1.

采用了高书库低阅览的工艺布局，低层阅览室环绕着高塔型的书库。它不是一幢建筑物而是一组建筑群，形成几个院落，14万平方米化整为零组合一起就更易接近人的尺度。建筑设计上采用对称严谨、高低错落、馆院结合的布局，协调统一，使之富有中国民族及传统文化的特色。几个屋顶形式，为了适应现代施工条件，采用了平宜简洁的造型、改良型的孔雀蓝色的琉璃瓦、吊挂方式，取消了厚重的泥背，减轻自重。墙面采用淡乳灰色的瓷质面砖，粒状大理石线脚，花岗石基座和台阶，汉白玉栏杆，这些淡雅明朗的饰面材料，配以古铜色铝合金门窗和茶色玻璃，在紫竹院绿荫的衬托下增添了现代图书馆朴实大方的气氛和中国书院的特色。此外，还吸取了中国庭院手法，布置了三个内院，种植花木，再现自然。"①

二、建设过程

从1973年提出重新选址另建，到1975年3月国务院批准兴建，再到1987年10月建成开放，北京图书馆新馆工程历经十余年时间。

选址工作一直持续到1975年初才基本上确定下来："三、新馆馆址。经与北京市有关单位研究，初步意见拟选在紫竹院公园北侧（北京市建委已报请北京市委审批，尚未批下）。该处有土地16公顷，第一步扩建占10公顷，约有6公顷余地。在这里建馆的优点是，拆迁任务小，可以建高层建筑，有发展余地，环境安静。但要占用70多亩农田，有8户农户需要安置和拆迁皮鞋厂、园林局花房等共1.5万平方米。如改在其他地方建馆，拆迁任务更大，建馆时间更长，问题更为复杂。"②

1975年4月21日，"国家建委召集建筑科学研究院设计所（现建设部建

---

① 李家荣,朱南,李以娣,等.北京图书馆新馆建设资料选编［G］.北京:书目文献出版社,1992:72.

② 李家荣,朱南,李以娣,等.北京图书馆新馆建设资料选编［G］.北京:书目文献出版社,1992:11.

筑设计院）、陕西省第一建筑设计院（现中国建筑西北设计院）、北京市建筑
设计院、上海民用建筑设计院、广东省建筑设计院、清华大学、同济大学、
天津大学、南京工学院、哈尔滨建筑工程学院等十多个单位布置进行方案设
计的预备会议，会议进行了8天"①。关于这次预备会议的过程，著名建筑大师
杨廷宝先生在日记里也做了详细的记录②。

这次预备会后，经过当时北京图书馆和各家设计单位的相互访问、交流
与磋商，共做出了114个方案（草案）。1975年9月，经国务院办公室同意，
又组织召开了"北京图书馆扩建工程方案设计工作会议"。"参加会议的有设
计方案的十个设计单位和其他有关部门，共27个单位，以及建筑界和图书馆
界的特邀代表。会上正式提出了29个设计方案。"③

在"北京图书馆扩建工程方案设计工作会议"上，在时任国家建设委员
会（以下简称"国家建委"）副主任宋养初的点名下，当时的南京工学院（现
东南大学）教授杨廷宝先生拿出了一个个人方案——代表南京工学院的第29
号方案。这在当年参与北京图书馆新馆方案设计的著名建筑师张镈先生的回
忆录中也有专门提到："这次竞赛④已是第三轮了。基本上以洋式为主。宋养
初很不以为然。向大家宣告说，民族形式的概念还不清楚，但是还应该向这
个方面去努力探索。他特别向杨师廷宝说，你看怎么样？你有什么想法？杨
师拿出一张32开的信纸，上边画着一个高低错落、互相对应的鸟瞰总平面

---

① 引文出自前引1992年出版的《北京图书馆新馆建设资料选编》一书第614页。此处提
及的各设计单位中，"建筑科学研究院设计所"几经重组更迭，1971年由原北京工业建筑设计院、
建筑科学研究院、建筑材料科学研究院、建筑标准设计研究所等11家单位组建国家建委建筑科
学研究院，系本书所指建设单位的前身，现官方名称为"中国建筑设计研究院有限公司"，在本书
口述中经常被简称为"建设部设计院"或"建设部院"；"陕西省第一建筑设计院"现官方名称为
"中国建筑西北设计研究院有限公司"，在本书口述中经常被简称为"西北院"。

② 见国家图书馆藏《杨廷宝日记》手稿。

③ 李家荣，朱南，李以娣，等.北京图书馆新馆建设资料选编[G].北京:书目文献出版社，
1992:119.

④ 作者在此用"竞赛"只是一种个人的表述。据了解，该工程方案设计阶段并未采用任何
形式的招投标或竞赛方式。

说，我原来有这样一种想法，但是校方和群众都不能接受，所以作罢了。"①
同样的内容，在我们的口述采访当中也多次被提到。

1975年10月13日至25日，在宋养初副主任的倡议下，北京图书馆扩建工程方案设计展览在位于百万庄的建筑工业展览馆举行，展出了10家设计单位的29个设计方案的图纸和模型。据悉，有八千多人次参观了展览，反响强烈。其中，南京工学院的第29号方案受到了广泛的注意和好评。参观群众写下了大量的意见，如："中国是有五千年历史的古国，造国家图书馆不讲民族形式不好"，"搞不搞民族形式很重要，不是可有可无，因为中国人民乐于接受，对世界建筑也有自己的贡献"，"国家图书馆应反映民族风格和民族文化特点，不应与现代西方建筑雷同"，等等②。

最终的北京图书馆新馆设计方案，就是在杨廷宝先生提出的第29号方案基础上，由多位建筑师一起努力，不断优化而成的。1975年"北京图书馆扩建工程方案设计工作会议"后，负责北京图书馆新馆方案设计的10个单位，按照国家建委领导的指示，分别组成6个不同类型的设计小组，经过2个多月的工作，提出了9个方案，其中的7号和8号这两个"民族形式较浓方案"是由一个五人小组负责完成的。这五人是：南京工学院杨廷宝、建筑科学研究院戴念慈、清华大学吴良镛、北京市建筑设计院张镈、广东省建筑设计院黄远强。因为这五位成员，以杨廷宝先生为代表，都是德高望重的著名建筑师，而后来的北京图书馆新馆方案又是在他们这个五人小组所承担的"传统形式较多的方案"基础上不断深化完成的，所以后来就习惯上称之为"五老方案"。

北京图书馆当时的上级主管单位国家文物事业管理局于1976年5月25日上报国务院的《关于送审北京图书馆扩建工程方案设计的报告》中是这样写

---

① 张镈.我的建筑创作道路［M］.北京:中国建筑工业出版社,1994:242.
② 李家荣,朱南,李以娣,等.北京图书馆新馆建设资料选编［G］.北京:书目文献出版社,
1992:137-138.

的："现在报审的三个方案，是在最初试拟的114个方案的基础上，经过再三归纳综合和多次举办展览（观众万余人），广泛征求意见，反复修改后综合成的。它们的共同点是：占地7公顷，建筑面积14万平方米，对称布局，建筑分区大体一致，基本适用并力争南北朝向。但各有特点：第一方案围绕功能分区的要求，构成具有民族风格的院落式建筑群；第二方案平面对称严谨，造型匀整庄重；第三方案立面简洁明朗，建筑密度较小。"并提出"我们着重从适用的角度上研究，倾向于采用第一方案，在第一方案的基础上，吸取二、三方案的优点加以修改，以求进一步完善"①。

1976年，由于国家发生了一系列重大事件，正在进行的北京图书馆新馆工程一度停滞。直至1978年，方案才算最终敲定。在8月3日上报国务院的《送审修改后的北京图书馆扩建工程方案设计的报告》中写道："一、修改后的方案设计，以同一建筑平面做出两个立面造型，以供选择。我们建议采用立面造型（一），其优点是：比较接近原第一方案的风格，民族形式浓厚一些，较为群众喜闻乐见，四坡顶用玻〔琉〕璃平瓦，不做一般明清式筒瓦大屋顶，既可节省投资，又有利于隔热和排水。"②

在整个建筑方案的设计过程中，我们不难发现"国家象征"与"民族风格"始终是两个重要的议题。1949年后，国家曾一度提倡建筑的"社会主义内容，民族形式"，设计建造了很多以"大屋顶"为代表的"民族形式"建筑。而后，"大屋顶"又遭到了前所未有的批判，"民族形式"建筑也因此受到了排斥。虽然"民族形式"实际上是很难从我们的建筑中被"根除"的，就如张锦秋院士在采访中提到"国庆工程"时所说的"那些建筑还是三段式，下面有台座，上面有柱廊，有檐子，这些其实还是中国建筑语言的表

---

① 李家荣,朱南,李以娣,等.北京图书馆新馆建设资料选编［G］.北京:书目文献出版社,1992:20.

② 李家荣,朱南,李以娣,等.北京图书馆新馆建设资料选编［G］.北京:书目文献出版社,1992:28.

述"①，但这种"排斥"仍然存留在很多人的观念中，并一直延续到北京图书馆的方案设计工作中。但有意思的是，在设计北京图书馆新馆的时候，很多建筑师，特别是中青年建筑师对于"民族风格"并不热衷，很多人都更喜欢现代建筑。而此时，"改革开放"与"现代化"的理念也已经兴起了。

三、走向现代化

一所图书馆的建设绝不可能止步于馆舍的建造，更何况是国家图书馆的建设。

北京图书馆新馆工程不仅在方案设计阶段是跨地区、跨单位，由多位建筑师共同创作而成，而且在扩大初步设计与施工图设计阶段以及施工阶段的现场工作也都是由建设部设计院和中国建筑西北设计院合作完成的。因为当时各设计院的设计队伍尚未完全恢复，各工种的技术人员不够齐全，所以，这种跨地区与跨单位的合作是那个特定历史时期的一种特殊办法。

当时，我国刚刚开始恢复对外交往，需要引进国际上的先进技术、材料与设备。为了建设好这座国家图书馆，从1973年秋天到1982年夏天，当时的北京图书馆先后组织了多次出国考察，目的就是全面了解世界先进的图书馆建筑及现代化设备。

当时很多材料和设备在国内都没有，要从国外引进。我们在采访中了解到，当时北京图书馆的各种自动化和电气设备等"并不是中国的领先水平，而是世界的领先水平"②，与此同时，很多方面又只能依靠"自主创新"。当时的两位设计总负责人③之一，现已九十多岁高龄的建筑师翟宗璠女士回忆起这段往事时非常感慨。她说自己非常感谢北京图书馆当时的馆长，因为大多数甲方

---

① 2017年6月14日张锦秋口述采访记录。
② 2017年4月21日国家图书馆老馆员座谈会发言。
③ 设计总负责人在下文中简称"设总"。

都不愿意尝试新材料，不愿意承担风险，但当时的馆长支持了，后来成功了[①]。

北京图书馆新馆室内设计有三幅大型壁画[②]，其中的一幅壁画《未来在我们手中》长11.7米，高2.8米，整体以彩色瓷砖嵌底，人造花岗石（口述中多用其通俗叫法"玻璃钢"）浮雕，表现的主题是人类对光明未来的向往与追求。因为选用的是中国传统"飞天"的一男一女半裸人物造型，这在当时引发了不小的争论。最后，时任文化部部长的王蒙先生说，如果没有大的问题，还是把艺术交给艺术家去决定吧！从而确保了这幅作品的诞生。

在热火朝天建造馆舍的同时，国家图书馆的业务与服务转型工作也在一步一步地进行着。首先，开架阅览就是当时读者工作面临的一个重大挑战。当时，负责业务规划的人员在位于文津街的老馆特意设立了开架阅览室用来做试验，目的是了解读者的借阅习惯、图书乱架以及破损与丢书率等情况，以便明确新馆建成后的业务格局与形式。

据谭祥金副馆长回忆，1972年尼克松访华以后，国内就开始派一些学术与业务交流代表团出国访问，其中组织了一个中国图书馆代表团，由刘季平带队，于1973年9月访问美国。中国图书馆代表团一共去访问了38天。回国后刘季平馆长就给上级主管部门写报告，把当时计算机在图书馆领域的应用做了详细汇报[③]。

退休馆员王绪芳告诉我们，当时她有一种"不可思议"的感觉——为什么图书馆这样一个正襟危坐读书的地方要安排沙发？而接下来的计算机编目与检索服务则更是颠覆性地改变了原有的图书馆工作与服务，从而改变了原有的空间布局与安排。比如，原来安排在读者入口处的目录大厅，在卡片目

---

① 2017年6月16日翟宗璠口述采访记录。

② 三幅壁画分别是：《未来在我们手中》（主题为现代与未来）、《五千年文化》（主题为我国五千年的文化）、《丝路情》（主题为中外文化交流）。口述中，有时用主题指代壁画名。有关壁画的详情，见：李家荣，朱南，季以娣，等.北京图书馆新馆建设资料选编［G］.北京：书目文献出版社，1992：229-232.

③ 2017年5月2日谭祥金、赵燕群口述采访记录。

录逐渐退出使用之后，一再压缩，如今，一个个的目录柜已经搬到了相对僻静的通道里，只是作为一种图书馆的历史景观存在着。

四、围绕一座建筑的口述史

国家图书馆总馆南区自1987年10月投入使用、正式向公众开放以来，已经走过了三十余年。这几十年间，国家图书馆的馆藏、业务、服务、设备以及读者等都发生了巨大的变化，建筑内部的功能与格局一变再变，特别是2012年经过改造建成的国家典籍博物馆的开放，更是让国家图书馆总馆南区的建筑格局发生了翻天覆地的变化。图书馆从借阅、读书的空间扩展为兼具展示与体验功能的空间，建筑的空间与其最初的文化含义，以及在其间工作、学习的行为方式都发生了改变。

三十余年过去，我们今天所看到的国家图书馆总馆南区建筑群依然保持着原有的古朴、简洁的外观。负责国家图书馆总馆南区改造工程（2010—2014年）的总建筑师崔愷在接受采访时告诉我们，他们是带着"对前辈的尊重"、"对文化建筑的一种态度"去参加南区改造工作的。随着时代的变迁、观念的改变、技术的进步，国家图书馆的各项业务与服务还在继续不断地变化，内部的空间职能也必将随之发生改变。

一座国家图书馆馆舍的建造关乎的不仅仅是材料与技术的问题，更是一个国家当时社会政治、经济与文化等综合国力的体现。本书以"北京图书馆新馆工程"建设过程为主要脉络，运用口述历史的方法，比照文本资料，利用当今的声像技术，对参与当年设计施工建设的建筑师、工程师和老馆员进行采访，追溯1975年至1987年间北京图书馆新馆工程的那段建设史：从立项、选址到建筑方案设计；从材料到施工；从新馆舍内部功能的规划布局，到各项业务的筹备；从图书资料管理方式的转变，到读者服务的提升；等等。这些鲜活的口述记录呈现出我们在以往重大文化工程建设研究中所鲜见的内容——人文精神、儒仪风范、国学传统、规矩理念等与现代化建筑功能及审美的圆满结合和统一，为国家的重大文化工程建设存留下具有"表达人格特征"的历史经验、集体记忆与声像遗产。

2017年，为配合国家图书馆计划在10月举办的国家图书馆总馆南区建成30周年纪念活动，在国家图书馆研究院的统一协调下，国家图书馆社会教育部（中国记忆项目中心）启动了"国家图书馆总馆南区建成30周年"（以下简称"30周年"）专题资源建设项目，由中国记忆组承担对当年参与总馆南区建设的建筑师、工程师、国图老馆员以及其他各界相关亲历者的口述史的采集和整理工作。经过短时间的准备工作，项目组于2017年3月30日开机采访，分别在北京、广州、南京、上海、西安和新乡等多地进行了二十余次专访，采集口述视频素材近30个小时。

2017年的"30周年"项目受访者有：当初北图工程"五老方案"的设计者、"五老"中唯一健在的、95岁的两院院士、清华大学教授吴良镛先生；"五老"建筑师之首、已故著名建筑师杨廷宝先生的女儿杨士英教授；当时负责北图工程的两位设总——西北建筑设计研究院97岁的黄克武先生与中国建筑设计研究院93岁的翟宗璠先生；当年参与过方案设计，而后又参与国家图书馆总馆南区改造工程评估的西北建筑设计研究院总建筑师张锦秋院士；负责国家图书馆南区改造工程的中国建筑设计研究院总建筑师崔愷院士；当年负责工程施工的总指挥长，北京市第三建筑工程公司（口述中多简称"三建公司"）原总经理乐志远先生；馆方负责基建工作的工程师金志舜先生；时任北京图书馆副馆长兼北图新馆规划办主任谭祥金先生；当时负责搬迁工作的韩德昌先生和北京卫戍区某营原营长李连滨；多位当时亲历搬迁工作的前辈馆员们。二十余位受访人的平均年龄接近80岁。

事实上，任何一段历史、一个重要人物或一个历史事件中包含的内容都是极其丰富的，每一个专题都可以通过不同角度及多个层面来进行口述史资料的采集与整理。但"事无巨细"或者"面面俱到"似乎是不可能实现，也是不可取的，我们只能选择一个或者几个适当的主题或视角——通过一个个的专题对那些之前人们所不知晓或者存疑的问题加以解决或回答。

就馆舍的设计与建造而言，从1973年申报选址开始，到1987年建成，为什么历时如此之久？从最初的"114个方案"到最终的"五老方案"，其间经过了怎样的选择过程？为什么要两家设计院合作完成？他们又是如何合作的？国家领导人万里为什么要多次来现场视察？等等。这些问题都是本书试图回答的。同样，就新馆的业务规划与实施而言，也有一系列的疑问。正是这些疑问构建了我们这个"围绕一座建筑的口述史"。

习近平总书记在2019年9月8日给国家图书馆八位老专家的回信中指出："图书馆是国家文化发展水平的重要标志，是滋养民族心灵、培育文化自信的重要场所。"这本关于图书馆建设的口述历史，通过对一段段珍贵的记忆碎片的记录和整理，恰好让大家可以通过回顾"北京图书馆新馆"这样一个文化建筑的设计与建造，了解包括馆舍建设在内的中国图书馆事业是如何发展的，并对中国国家图书馆由传统向现代化转型的过程窥见一斑。

本书共收入24位受访人的21篇口述文稿，以及20篇采访手记。全书分为四个部分：北京图书馆新馆方案设计、12年的建设历程（1975—1987）、业务规划与搬迁、用尊重的方法去整修。由于口述采访与事件发生已间隔30余年，很多受访者年事已高，表述中存在一些口误或遗漏。因此，为了方便阅读，我们在文稿整理过程中，在尊重口述实录的前提下以注释等形式对文字进行了必要的修正和补充。此外，为了便于读者更好地了解当时的历史与事件经过，我们特意挑选了两篇本书受访人的旧作附录于本书末尾，供大家参考：谭祥金的《北京图书馆新馆工程纪事（1975—1987）》与黄克武、翟宗璠、金志舜的《北京图书馆新馆工程概况》。

鉴于诸多方面主客观因素的限制，本书在采访与整理过程中均存在一些不足与遗憾，还望广大读者批评指正！

李东晔

2021年3月29日

第一章

北京图书馆
新馆方案设计

我与"五老方案"

受访人：吴良镛
采访人：李东晔
时间：2017年5月15日
地点：吴良镛先生家，北京
摄像：赵亮、谢忠军

吴良镛，1922年生。中国科学院院士、中国工程院院士，建筑学家、城乡规划学家和教育家，人居环境科学的创建者。当年北京图书馆新馆（现国家图书馆总馆南区）工程"五老方案"设计者之一。

北京图书馆新馆是周总理提出来的，原来在北海公园旁边，那里太小了。周总理提出来换地方，要搬家。后来选址在白石桥，就是你们现在那个地方。

那时候①，要开始做方案，高等学校里面，东南大学、清华大学都参加了。大家做的好多图用的都是西方风格的图。当时方案出来后举办了一个展览。评完展览之后，那时候建设部②的副主任宋养初，看到那些"西方"的图之后，不满意，说那些不能用，都太"洋"了。他说应该要用传统的。

在设计方案期间，杨廷宝到西安去了一次。他认为应该用中国的传统形式，后来他单独拿出了一个传统样式的方案，铅笔画的一张草图。

宋养初肯定了杨廷宝的方案，所以这个"五老方案"是宋养初提出来的。"五老方案"的五个建筑师也是他点名的，第一个就是杨廷宝；第二个张

---

① 1975年。
② 应为国家基本建设委员会。

铺，他年龄也比较大一点，辈分也高一点；还有戴念慈、我和黄远强。在我们几个人中间，黄远强年龄最轻。

当时这些人都集中到招待所①里，这里面都是老师、同学，集中搞了差不多一个月。张铺没有住在那里，他住在城里，北京市设计院那里。我们其他四个人就住在这个招待所。那时候②周总理不在了，我跟张铺两个人还伏案大哭。那个时候也不敢到天安门广场去纪念。

那个送到政治局的图（见下页图），彩色的是我渲染的。透视是傅熹年求③出来的，我昨天还打电话给他。华宜玉负责最细的部分，包括人啊什么的，她那时候是清华大学教水彩画的老师，现在人已不在了。那个图一直摆在学院我的办公室楼顶上。今天早上我把它拿出来了。本来这个事情我是不想拿出来讲的，因为这是送到政治局审批的图，跟后来的图两码事。

后来他们换一个班子，也没有找戴念慈，也没有找我。那个时候我也比较年轻，没法子争。所以后来我把我的图拿回来，因为选了别人了，那么没有我们的事了。后来还说要开一次会，找人来帮忙做东西④，找了张铺、戴念慈，不是原来上报政治局的那个方案，是另外做的，但是用原来的图改了一改。

所以现在你们要把这个图拿去展览，我心里头还是很难过的，我不想拿走。这个事情有些人知道，好比说我打电话给傅熹年，他当然知道，他就跟我讲："这个事情过去了算了，没人追问了。"整个就是这么一回事。你们如果不问到我，那就没这个事。

---

① 当时的国家建委招待所。
② 指 1976 年 1 月 8 日，周恩来总理逝世。
③ "求透视"在此为一术语，即通过透视原理，运用某种透视图画法，如"建筑师法"，绘制透视图。
④ 画图纸。

吴良镛、傅熹年、华宜玉绘制的原北京图书馆新馆效果图

采访手记　　应当说，在我拿到的那份国图研究院拟定的"30周年"项目口述采访名单上，吴良镛这个名字是我最为熟悉的一个。不仅因为当年写论文的时候翻阅过吴先生及其学生关于"菊儿胡同"改造的著作与论文，并且在毕业前夕，甚至还一度起意想进站跟吴先生做一期博士后。当然，最终因为没有勇气再度脱胎换骨地完成一篇相当于博士论文的出站报告而打消了那个念头，但至少通过文字对吴先生有过一些了解。不过，在拿到名单的同时，我也被告知尚没有联系到吴先生，老人家是否能够接受采访更是不得而知，甚至连联系方式都没有。

2017年4月15日是个周六，我去清华大学旁听一个关于建筑史的学术研讨会，碰巧通过清华大学建筑学院的刘畅老师结识了王贵祥老师。在王老师的指点下，我和同事韩尉一起带着国图中国记忆项目中心的口述史采访邀请信于4月18日（周二）去往清华大学建筑学院，在院办老师的指点下，见到了吴良镛先生的秘书朱老师。朱老师为人谦虚，说话温和，答应我们将邀请信转交吴先生，但不能确定吴先生是否以及何时可以接受采访。

接下来的日子，我每隔几天就会电话联系朱老师一次，询问是否有结果。5月11日下午，准备下班之际，突然得到消息，吴先生可以在周一（5月15日）下午3点接受采访！于是，我们激动不已，奔走相告。次日，我将一份简要的采访提纲发给了朱老师。

　　5月15日下午，我们特意买了一大束鲜花，由同事赵亮、谢忠军和我组成的采访小组一行三人搭乘出租车前往清华大学。我们比预计的时间早到了半小时，但是因为那天是吴先生做按摩的日子，朱老师抱歉地说自己忘记了，所以采访还得顺延一段时间。我们仨只好在附近溜达了几圈。后来，估摸着时间差不多了，朱老师的一位同事开车，带着我们去了吴先生家。按摩还没有结束，但因为我们也需要架设机器，做一些准备工作，所以并不是问题。

吴良镛先生讲述往事

　　采访决定在吴先生的书房里进行，书房虽然不是很宽敞，还有些逆光，但是老人家可能更习惯那个环境。我们准备停当后不久，听到吴先生出来的声音，我们赶紧迎上去，老人家乐呵呵地跟我们打招呼。因为前几年中过风，所以吴先生现在腿脚不太利索，需要用一辆助力车行走。除此之外，以95岁的高龄来看，老人家的状态很不错，特别是记忆力。当我拿出一张2015年他来国图参加活动的照片时，他马上告诉我们那次是去参加一个关于圆明园的展览。他问我们："刚才在院里看到那张图了没有？"原来，老人家上午特意去办公室，把当年北图项目的效果图找了出来，可惜朱老师没有想起来让我们看。过了一周之后，我们才又专门去拍了那张效果图。

老人家说话比较慢。开机之后，他坚持喊来阿姨，找出那本他的传记《良镛求索》。我连忙拿出特意带去的我们自己买的那本，并示意我已经阅读过其中的相关内容。他首先提到，那是周总理的指示，其他大部分内容就基本上是传记里写到的。他在书中曾有提到，当年在方案确定之后，他去戴念慈家里，戴夫人告诉他，戴总已经三天没有说话了，但并没有说明原因。这次我们正好借机询问，才知道戴总当时是因为赶着画图纸，没空说话！

老人家抱着深深的遗憾告诉我们，当年选中的是他参与其中的"五老方案"，但是最后他却没能亲自参与项目，为此，他一直都想不通。我想，我是能够理解老人家这么多年不解的心结的。1975年，国家百废待兴，很多年富力强的建筑师经历了近10年不能从事建筑设计工作，没有工程可做。40年前的情况不同于现在，当时的北图工程项目不是通过招投标进行，甚至连竞赛都不是，它是计划经济下的一件国家大事，是举全国之力，号召了当时全国的几代知名建筑师共同完成的集体创作。北京图书馆新馆不是任何一个建筑师个人的作品，从1973年到1987年，它是那个时代的作品。

采访结束，老人家坚持推着助力车亲自送我们到门口，笔直笔直地站在那里，静静地等着我们收拾好设备，看着我们离开，留给我们圆圆的一张笑脸。

中国记忆团队与吴良镛先生合影

与杨廷宝先生一起设计北图新馆

受访人：黄伟康
采访人：李东晔
时间：2017年5月19日
地点：黄伟康教授家，南京
摄像：赵亮、常凤山

黄伟康，1931年生。东南大学建筑学院教授。1953年毕业于南京工学院（现东南大学）并留校任教，1975年4月及9月陪同杨廷宝先生参加北京图书馆新馆方案设计工作会议，并参与当时南京工学院提供的方案设计。

一、任务

1975年4月，我们接到国家建委的通知，北京图书馆准备造新馆，要到老馆去看一看，去考察一下。那时候因为杨老已经七十几岁了，我只有四十几岁，我有个任务，就是陪同杨老。我们走的时候是晚上，坐火车，那时没有飞机。杨师母说："黄伟康，杨老交给你了。"

杨老当时身体还是不错的，我扶他过马路他都不要。他总是说："没关系，没关系！"第一次的会议在北京图书馆还是在哪里开的，我不记得了。刘季平馆长接待我们，有一张照片（见下页图）。我们参观了老馆，大家谈了一下关于新馆的建设要求、情况。

那次会上定下来，要求10月份的什么时间，每个单位拿出方案。那个时候是全国出方案，不是设计竞赛。那时不像现在，全国的建筑院校有一百多个，那时候就八大院校，就是清华、南工、同济、天大、西安冶金、华南工学院、哈尔滨建工学院、重庆建工学院，这八个院校都要参加[①]，另外还有大区的设计院，华东设计院、西北院、中南院、北京院，还有建设部的设计院。做方案的任务要在规定时间内完成，之后再去北京讨论方案。

1975年4月参加北京图书馆新馆方案设计准备会议代表参观北图合影

当时我们南工接到这个任务回来，系领导还是蛮重视的。回来以后就组织系里的得力干将，画得好的、设计方案好的，组织了四五个年轻人，杨老是头，大家一起做方案。当时做方案不像现在都是电脑作图，那时候我们都是手画的，图纸都是一号图纸，很大。都是在图板上面先做方案。只有一张效果图，就是粉画，系里画得好的人就来画效果图。我记得我们系里是赖聚

①　实际参加方案设计的高校只有五所，即当时的清华大学、同济大学、天津大学、哈尔滨建筑工学院和南京工学院。

奎画的，他画得最好，所以他画效果图。清华我记得是冯钟平画的，天大是武德军画，反正每个单位都是全力以赴。

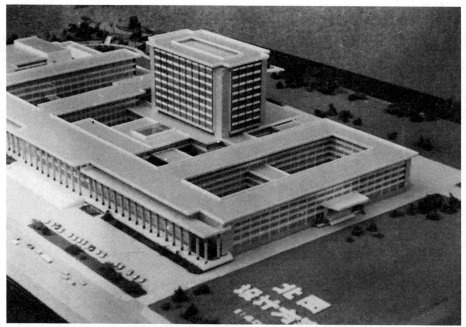

南京工学院设计的北京图书馆新馆方案模型

二、方案

到了秋天，我们（杨廷宝、王文卿、黄伟康）又去北京开会，每个单位汇报方案，国家建委宋养初（副）主任主持会议。这里有个故事。当时宋（副）主任在会上说："你们南工，杨老的方案呢？"我们说："这个是杨老指导我们做的方案。"当时我们南工做了一个很大的方案。每一个单位都是一个很大的方案。但宋（副）主任问，你们杨老自己的方案怎么没拿来？我们那时候很僵的（尴尬）……怎么办呢？杨老讲："黄伟康，你们就画平面好了，透视图我来画。"我和王文卿就画平面图。因为图书馆的方案再怎么做建筑都是对称的，中间是书库，旁边是阅览室及办公室等空间。书库有的方案做一个塔，有的方案做两个塔。国家图书馆现在的书库是两个塔。平面没有变化，都是对称的。我跟王文卿就画平面图，杨老自己合①的透视，他徒手画的。说心里话，杨老这个方案呢，有点老，前面那个阅览室的顶上，画上了一个跟克里姆林宫一样的五角星。那时复印机我还没看到过，宋养初叫他们到下面去复印，一本本装订好，几张三号纸复印好，每个代表团发一份。这个复印纸一张五毛钱，那时候蛮贵的，印出来是咖啡色的。

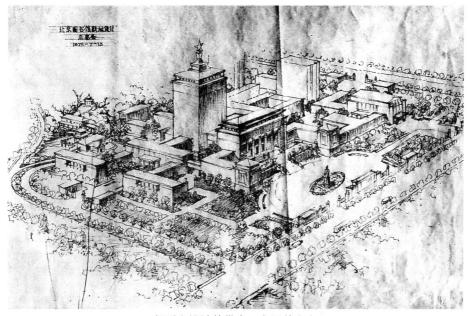

杨廷宝设计的带有五角星的方案

我们那时候做的方案，包括天大做的，都比较新，比较现代，都是开间很大的立面什么的，都没有像国图现在的琉璃瓦、很多的大屋顶。

最后的方案基本上是几家设计院一起重做的。图书馆的平面基本上是没有变化的，大厅进去，立面是五段式②，中间是门厅一段，两个凹进去的——两个手臂，旁边再是两块，所以是一块、两块、三块、四块、五块，五分

---

① 根据平面图绘制透视。
② 指图书馆建筑立面的构成，由横向五个部分构成，又称"五分式"。

式，正立面肯定是五分式。立面上要用琉璃瓦，琉璃瓦的柱式开间，三米五、四米五、五米，立面就出来了，门上面有琉璃瓦。这是那个时候的建筑语言。

书库是双塔还是单塔？图书馆的专业人员跟我们商谈好，整体上从后面那个紫竹院看起来两个塔比较好一点，所以后来做了双塔，上面也做了琉璃瓦。那么平面的，旁边的阅览室什么的这套东西，图书馆都没有变的，平面就是这样子，对称的。

当时只有杨老的方案是给每个单位发了一份，其他的还是一个个单位汇报。我记得清华大学吴良镛上去汇报的时候，吴先生口才蛮好的，他一讲就讲到图书馆阅览室在美国怎么样怎么样……所以坐在我旁边的冯钟平，我们年纪差不多大，他马上打手势给吴先生，吴先生看到冯钟平的手势，马上就又继续介绍他们的方案了。

我当时没有什么印象最深的方案。因为图书馆不像大剧院。图书馆基本上是对称的，关键是一张效果图，有的单位画得很漂亮，天大吴德军画的效果图很漂亮；我们学校赖聚奎画的粉画也拿手。

九月份开会回来以后，我们就不再管了，杨老是不是和谁讨论过这个方案我都不知道，"五老方案"我不了解。最后定案杨老是不是去了，我也不知道。虽然那时候没有设计费、奖金什么的，但这个设计在当时我们是很愿意干的。我们的车费、路费当然是我们所里报销的，但其他什么都没有。

三、关于杨老的点滴回忆

现在的杨老故居，设计得太古色古香了，我不赞成那样搞。原来很简单，一个杨老自己设计的雨棚，一个小的门斗，不是现在这样的，很简单。门口那个马路上做了好多画廊，对不对？反正我觉得很不舒服。他原来那一栋房子非常简单，前面院子里几棵大树、一个花园。我们年轻的时候经常去杨老家里拜年的。杨老有一个特点，大年初一我们学生去拜年，大年初二、大年初三他都要到我们家来回礼，一家一家走过来，因为我们都住在一条街上面。他到我们宿舍里面，大家就说："哎呀，人家杨先生来了，杨先生来了。"都这样子，他来坐下一会儿又走了。我们泡杯茶，讲："杨老你坐坐。"结果他说："我还到隔壁家，隔壁是谁谁家……"就是这样，你去拜过年了，他一定要回礼的。

杨廷宝先生

黄伟康教授

那个时候我们系里开联欢会,他六十几岁还能翻跟头呢。我1953年毕业。我当老师以后,1960年他60岁,他还能在联欢会上翻跟头、打太极拳什么的,还是很活泼的。大家很尊重他。

他多才多艺,水彩画画得很好。现在的学生大概连图都不画了,整天捧着部电脑,图板都没有了。我当学生的时候,杨老给我们出个题目,叫"喜马拉雅山的中途站",就是科学考察的中途站。我们做设计,旁边配景——配树、配山,画水彩。杨老跑来看,"黄伟康,这里还要加点东西",他就拿纸笔示范。后来我当了助教,我就站在他后边,他是主治医生,我是助理医生。他给学生改图,改完,学生不敢对他提意见,不敢问他,等他走了,学生就问我:"刚才杨先生是什么意思啊?"然后,我再给学生解释:"杨老的意思呢就这样子……"杨老喜欢动笔,你的一张设计图里面,他如果认为不好看,就他画一半,一个地平线一画,一个中轴线一画,这一半给你画一个样子,这地方要高一点,这个窗子开得不好……他画在旁边,然后让学生自己去发展。我们当时站在他后面当助教就是这样学习的。后来我们也当了教授,我们也是这样教学。但现在怎么教我都不知道了,现在都是用电脑。

采访手记 2017年5月18日,我们中国记忆"30周年"专题口述史项目采访三人小分队再度启程,赴南京和上海采访。这次更换了一位成员,小分队由我、赵亮和外聘摄影助理常凤山组成。常凤山是我见过的最专业、最勤快的摄助,能干敦厚,虽然他年纪不大,但我们都喜欢亲切地称他"老常"。

之前经我馆基建处高级工程师胡建平的介绍,我已经与黄伟康教授电话联系过几次。老人家的声音热情、洪亮,非常欢迎我们造访。而我们此次之所以采访黄教授,一方面,因为他是当年北图方案设计的参与者之一;另一方面,也是更重要的一点,1975年4月和9月他曾两次陪同"五老方案"的首席建筑师杨廷宝先生赴北京参加方案设计工作会议。他是当年方案设计与讨论过程的亲历者与见证人。

5月18日下午我们乘坐高铁抵达南京南站。时隔七八年,再次来到古都南京，我却无论如何想不起来上次来的具体时间、原因以及行程路线等，只好感叹人的记忆是如此靠不住！因为黄教授现居江宁，我们也就在附近找了酒店住下，随即与他联系，确定了次日采访的时间和地点。

19日一早，退房、叫车、开拔，三个人扛着大包小包前往黄先生家。我们抵达的时候，老人已经提前在大门外面迎候我们了。黄先生腰板挺直、满面红光，完全不像86岁的老人。他热情地招呼我们进屋。四下看过之后，我们最终决定在他的书房里进行采访，虽然光线有些暗，但是我们自己带了灯，可以补光。

老人家非常健谈，平时爱好也很丰富，还开了博客，几乎天天更新。谈起40多年前陪同杨先生去北京参加北京图书馆方案设计工作的情景，黄先生如数家珍。但毕竟岁月是能够磨去或改变各种印记的，老人家对于当年4月和9月两次工作会议的记忆也模糊了不少，不过，听到他非常肯定地告诉我们，那个屋顶上有五角星的立面透视方案就是杨廷宝先生当年亲手绘制的时候，我还是有诸多的感慨。然而，"传说中"杨先生在会议上拿出来的那个方案草稿到底是什么样子，依然是一个谜。

说到杨老的为人处事，黄伟康教授给我们讲了这样一个小故事。他说"文革"期间，杨老也被批斗过，但没有被关押过，也没被赶出过自家的那幢小楼。杨先生每月的工资也都照常在发，但每月发工资的时候，"造反派"们总会将学校的老先生们召集到一间屋子里，首先冲着杨廷宝先生来，问："杨廷宝，你工资多少钱？"答："330。""你个老混蛋，什么都不干，还拿那么多钱！"随手就把他的工资丢散在地上。据说，杨老从来都是一言不发地猫下腰，将那三十多张10元钞票，一张一张地捡起来，默默地离去……听到这里，我的眼泪几乎都要忍不住夺眶而出了。

由衷地感激国图各级领导的信任，将这个"30周年"的任务交给我，否则，不知道自己将会在何年何月才能够有机会"认识"杨廷宝先生。

杨廷宝（1901年10月—1982年12月），字仁辉。我国著名建筑学家、建筑师、建筑教育家。1921年毕业于清华学校高等科，1926年毕业于美国宾夕法尼亚大学建筑系。曾当选国际建筑师协会副主席、中国建筑学会理事长、中国科学院技术科学部委员（院士），历任南京工学院副院长、建筑系主任、建筑研究所所长，1979年任江苏省副省长。自20世纪20年代到80年代，杨廷宝主持、参加与指导设计的建筑工程一百余项。其中的代表作品有：南京的中山陵音乐台、中央体育场、中央医院、金陵大学图书馆（现南京大学老图书馆）、北京和平宾馆、徐州淮海战役革命烈士纪念塔、南京民航候机楼，等等。因为1949年前后，杨廷宝先后为南京设计了一大批具有代表性的建筑，所以，后来人们常说："半座南京城都是杨廷宝打造的。"

杨廷宝于1921年赴美国宾夕法尼亚大学建筑系深造，比1924年入校的梁思成先生早3年。1927年归国之后，作为一个执业建筑师，截至1949年，他个人完成的建筑设计项目就达80个。1975年，参与北京图书馆新馆项目的时候，杨老已经74周岁了。

采访结束，我们合影留念，黄伟康教授坚持送我们，一直送到都快要出小区大门了才转回去。

中国记忆团队与黄伟康夫妇合影

我的父亲杨廷宝

受访人：杨士英
采访人：李东晔
时间：2017年5月20日
地点：杨廷宝先生故居，南京
摄像：赵亮、常凤山

杨士英，1929年生。南京大学化学系教授，杨廷宝先生长女。

一、温和的父亲

小的时候我父亲跟我们在一起的时间很少，他都是在全国各地跑，去设计，去盖房子，所以小的时候我们在一起的时间不多。但是我们知道，爸爸对我们小孩很温和。我们几个小孩，都是怕妈妈不怕爸爸，妈妈比较凶。爸爸有空的时候会教我们唱歌，教我们玩游戏，给我们讲故事，所以我们对爸爸的印象都比较好。

我爸爸生活很简单，他不喝酒、不抽烟，也不打牌，中国牌、外国牌都不打，麻将、扑克牌从来不动。爸爸的生活俭朴到什么程度呢？他身上没钱，只有在礼拜天要出去逛逛的时候，才问我妈妈要点零花钱。他的工资是全交给我妈妈的，所以在家里是我妈妈为主。

我们中学的时候都在学校里寄宿，礼拜六回家。我爸爸也是礼拜六回家，所以平时接触的时间很少。后来等我们都长大了，读高中、大学的时候，都解放了。一解放，我两个弟弟参军了，一个妹妹和一个弟弟考上大学，到北方去了，所以大家跟爸爸的接触还是很少。但是大家在一起的时候都是很开心的，我从来没听过爸爸妈妈两个人大声地讲话。我妈妈有的时候会叨唠叨唠，但爸爸从来不发脾气，他脾气非常好。

二、父亲盖的房子

我们知道爸爸是盖房子的。我妈妈老跟我们说，为什么人家喜欢爸爸盖的房子？因为他盖的房子结实、牢靠，人家都信得过，所以我们一直认为爸爸是盖房子的。

那个时候我们刚刚从重庆回到南京，住在东南大学（当时的国立中央大学）校园的宿舍里面，大概七个人住在一个房间里面，很不方便。我妈妈就跟爸爸说，需要一个房子。我爸爸那时候还在基泰公司工作，就跟公司借了钱，盖了这个房子，是作为送给我妈妈的礼物，不然我妈妈老叨唠他。

那个时候我正在上大学，对家里盖房子的印象很少，都是我妈妈在管。我们白天上课，都到学校去了，也没有去操这个心，都是我妈妈在操办。

杨廷宝故居

[编者注] 杨廷宝故居，又名"成贤小筑"，位于南京市玄武区成贤街104号，系杨廷宝先生于1946年10月，在原有建筑的地基上，自己设计建造而成。故居宅院占地面积约1000平方米，院门临街朝西。院内西南角有两间小屋，原为门房。故居主楼坐北朝南，为西式三开间二层楼房，砖混结构，木门窗，内有楼梯，红色平瓦屋面，米色灰粉外墙，建筑面积约164平方米。造型简洁，经济实用。一楼西侧为开敞式客厅与餐厅相连，东南角一小间为书房，基本保持着杨先生生前的陈设。二楼有三间卧室和一个卫生间，朝南带阳台的一间为杨先生夫妇卧室，墙上挂着他们的结婚照，另外两间分别为男孩和女孩卧室。顶楼有阁楼，主要为储藏之用，据说，在子女们小的时候也喜欢在夏天上去睡觉。另有厨卫平房，设于院内东北面围墙边。故居西山墙脚，嵌有"杨廷宝住宅"石碑一方。

三、父亲和母亲

解放以后，生活安定了。我们上大学也快毕业了，接触的时间比较多了，但是我爸爸从来不在家里面谈他的工作。他也不跟我妈妈谈工作，因为我妈妈性格直爽，很直率的，有什么说什么。他大概信不过我妈妈，学校的很多事情都不告诉她。他不让她干涉他的工作。他在干什么（比如说到北京去干什么）我们也不知道，就知道在北京盖了一个宾馆，关于北京图书馆的事情，我们都不知道。

他当了副省长以后，就在家里表态了，他说他跟省里面讲了，什么福利都不要，他有学校工资，已经够用了。省里面要给他请保姆、保卫员什么的，他都谢绝了。他跟大家讲了，也跟我妈妈讲了，我们都没意见。

后来爸爸去世，妈妈就跟省里面申请，请一个工人来帮我们整理院子，就是你们刚刚看到那个小何，工资是我们自己付，小何在我们这有十几年了，一直都是我们自己付他工资。

1949年后，我母亲在南京大学基建处工作过一段时间，"文化大革命"

之前就退休了，退休以后义务地在居委会工作。我妈妈103岁的时候去世的，就在这个房子里。

采访手记　　杨廷宝故居坐落在东南大学附近的成贤街。1946年，杨先生买下这块地，就着被炸毁废墟上尚留存着的地基修建了这幢二层小楼，并称之为"成贤小筑"。2017年5月19日，我们从江宁转场到南京市区，当天下午就前往成贤街的杨廷宝故居。因为那里平日并不开放，大门紧闭，我们也就是在周围看了看环境。

次日一早，我们如约赶往杨先生故居，杨先生的女儿杨士英教授早已等在那里。杨士英教授已经88岁了，身材瘦小，虽然腿脚和动作有些慢，但是头脑和精神都不错。她通常会在周六的时候过来照看一下房子，所以我们也就把采访定在了这一天。

那是一所朴素得不能再朴素的房子，无论外表还是内部，没有一丁点儿多余的装饰。一楼的格局显然是"西式"的，客厅与餐厅相通。但整个房子只在二楼有一个卫生间。杨先生的书房在一楼，面积不大，书也不多。二楼的主卧室很宽敞，两张单人床并排摆放，墙上挂着杨廷宝夫妇的结婚照。2004年杨老夫人就是在这间卧室里寿终正寝的，享年103岁。

采访是在室外进行的。老人家非常谦虚和善，听说同

杨廷宝故居二楼卧室墙上挂着的结婚照

事赵亮是学化工的，很开心地跟他握手，说道："那咱们是同行啊！"面对镜头，她似乎有些紧张，还有些不好意思，一直都显得不太自在，好像一个小姑娘似的，不时尴尬地冲我们笑笑。回忆起父亲，她说父亲对于名利、金钱都丝毫不在意。杨廷宝先生喜爱画画，也画得非常好，只要有人喜欢就送，他自己只是享受绘画的过程。杨先生从不在家里谈公事。杨老师说，父亲"文革"期间在外面被批斗、受委屈，回家从来不说，有些只言片语，他们都是从别人那里听说的。她说父亲并不是隐忍，而是真的不在意那些事情。

中国记忆团队采访杨士英教授

1979年，杨廷宝先生当选江苏省副省长，但他没有享受任何副省级领导的待遇。杨老师说，当时父亲把家人都召集到一起，告诉大家，他已经跟省里表态了，学校的工资够用了，其他任何待遇都不要，什么警卫啦、勤务员啦，都不要。

杨先生故居的院子里有一颗高大茂密的枇杷树，二楼阳台外面的枝头上结满了果实，个头不大，但是味道很好。采访结束，杨老师特意折了几枝，让我们带回去吃。她说，今年结的果实格外多，是一个丰收年！

杨廷宝故居的枇杷树结满了果实

　　临别前，不经意间了解到杨士英老师与老伴一直住在南京大学的教工宿舍，面积仅有60多平方米！老人家淡然地说："他们要分给我们100多平方米的大房子，我们不要，因为够住了。"虽然距离不远，但眼看着时间已经到了中午，我们想打车送老人回家，她却坚决不让，说自己还要收拾收拾，向来都是如此，坐公交车很方便的。

回忆杨廷宝先生

受访人：黎志涛
采访人：李东晔
时间：2017年5月20日①
地点：杨廷宝先生故居，南京
摄像：赵亮、常凤山

　　黎志涛，1941年生，1966年毕业于清华大学建筑系，1981年南京工学院建筑系（现东南大学建筑学院）获硕士学位。东南大学建筑学院教授，博士生导师。《杨廷宝》（传记）的作者。

一、杨先生印象

　　我对杨先生有两个印象最深。一个是杨廷宝做人做事非常低调，他只知埋头做事情，从不张扬自己。他从做学生开始，一直到后来工作，无论在学校还是在设计事务所，无论在国内还是在国际上，都取得了非凡的成就，但是他从来不讲。在我写传记《杨廷宝》之前，他的女儿杨士英老师对父亲的很多事情都不知道。比如，杨廷宝先生在宾夕法尼亚大学得过许多全美建筑系学生建筑设计竞赛的奖，直到我写书的时候她才知道，"我的爸爸得了这么多奖啊！"他人品非常高尚，包括梁思成先生，他们这些人做人老老实实，做事踏踏实实，是值得我们后学永远学习的。

　　第二个，在解放以前，杨先生的职业就是建筑师，他对每一项工程，不管是大型的、小型的，不管是官署的还是百姓的建筑，他都认认真真、踏踏实实地做设计。当时他在基泰工程司主持设计工作，基泰的大老板关颂声与

---

　　①　2021年11月根据黎志涛教授的反馈意见进行了补充修改。

国民政府上层官员关系非常密切，所以接了很多官署的建筑。这些项目为杨廷宝搭建了很好的建筑创作平台，所以他是非常下工夫的，做得很精致，现在很多都被列入全国各级重点文物保护单位，成为优秀建筑遗产了。对一般老百姓的房子，他也是这么认真设计的。比如，抗战胜利以后，国民政府还都南京，造成南京一度出现房荒。为此，杨廷宝先生日夜加班，突击设计了南京6处公教新村，有效缓解了房荒问题。由于时间紧，且财政拮据，需房人员众多，所以杨廷宝先生只能设计平面简易、建材普通、造价低廉的住宅，但他在这些住宅的使用功能上是非常用心为民众着想的，进行了精心设计。

还有，他对环境非常尊重，这也是我们现在所欠缺的。在那个时候，杨廷宝先生做设计就特别重视建筑跟环境的和谐关系，他总是从保护环境出发，因地制宜地解决建筑与环境的矛盾。最典型的例子就是北京和平宾馆那六棵古槐树，他都要想方设法要保留下来。按照我们现在开发商的角度来看，砍掉很省事。所以我对杨老最深的印象，一个是做人做得很正，一个是做事非常兢兢业业。

二、杨先生与北京图书馆工程

因为当时北京图书馆的新馆是国家重点建设项目，因此邀请了全国各大设计院的老总和几所著名高校的建筑系教授赴京参加集体创作。这些人中包括杨廷宝先生等中国早期的几代建筑大师，应该说是继1958年集体创作国庆十大建筑之后的又一次大规模的集体创作活动。所以可以看出，国家对图书馆非常重视。

我们建筑系的杨廷宝先生于1975年4月带黄伟康老师赴京参加北京图书馆新馆方案设计预备会议回来后，系里就组织了一些老师进行方案的探讨和设计，很多老师都参与了，杨廷宝先生自己也画了一个方案。9月，杨廷宝先生带领其他五位老师到北京，参加北京图书馆新馆设计方案第一次设计工作会议。会上，各个学校、各个设计院都把方案做了介绍。

因为当时大多数方案都是现代派的建筑，当时的建委副主任宋养初的想法是，作为一个文化建筑，他希望北京图书馆能够体现中国的文化特点，要有传统的形式，所以他对拿出来的方案不太满意。他很想有一个能够代表中国传统文化建筑的图书馆形象，就问杨廷宝先生有什么想法。"我的方案被系里书记否定掉了，"杨廷宝先生说，"他觉得我的方案太陈旧了，是传统的东西。"但宋副主任说："你还是拿出来看一看。"结果杨廷宝把他的方案拿出来以后，一下把宋养初吸引了，他说："请南工来的同志帮你重新画出来，画清楚，好不好？"又说："三天后再议。"

后来，工作会议上对10个单位以及杨廷宝先生后补的一共29个方案进行了充分讨论，归纳出了6种基本类型，由相关单位联合组成6个工作组，进行第二轮方案设计。其中，宋养初建议成立一个五人小组，由杨廷宝任组长，张镈为副组长，再请戴念慈、吴良镛与黄远强等，一起对杨廷宝的方案进行深化和完善。工作小组成立以后，便开始紧张地工作了，限定一个月之内要把方案拿出来，所以他们就白天讨论怎么修改、怎么综合，晚上加夜班来画图。杨廷宝先生亲自画图。他画图速度很快，一个晚上就能把一套图拿出来。第二天讨论，大家提出一些修改意见，晚上他接着再画图、再修改。那个时候杨廷宝先生已经70多岁了，但是他一做设计，就忘掉一切，非常投入。他们几人一起修改方案，最后综合成一个方案。

据我了解，大概经过了三次讨论。杨廷宝先生的主导思想是在功能上要满足图书馆的使用要求，他的想法就是应该把书库集中在中间，呈塔式，这样少占地。结构上，因为图书馆书库的荷载比较重，所以要单独处理；其他部分围绕书库，各阅览室跟书库是向心的，这样在使用上更便捷。在形式上，它不完全是复古的，不是传统的大屋顶。考虑到当时的经济情况，还要进行创新。虽然采取中国的传统建筑元素，但毕竟需求、技术与功能跟过去古代建筑不一样，规模要大、技术要先进、人要容纳得多……这些因素就决定了不能采取原先老的国家图书馆^①那个小规模、大屋顶的形式了。因为规模比较大了，读者又多了，功能也复杂了。里面怎么组织各种流线，功能怎么布置合理，这些杨廷宝非常擅长。他说设计建筑就是要为人服务的，图书馆是为读者服务的，管理也要考虑到管理部门的方便。里面可以现代化，但是外形一定要考虑到文化性的问题。因为它是个文化建筑，不是商业建筑，不能搞现代的。大多数同志经过讨论都赞同这个意见，国家领导、部里领导都同意这个想法。

因为杨廷宝先生在南京还有一摊工作、教学的任务，他不能全部扑在那儿。最后方案通过了以后，施工图就交给设计院进行后期的操作了，一个是西北设计院，还有一个是中国建筑设计院（建设部建筑设计院）。他们最后把杨老的方案变成现实，在实践过程当中可能还有一些局部的改动、修改。毕竟方案只是一个设想，设想变成现实还有很多细致的工作要完成，这是非常复杂、非常深入细致的事情了。

采访手记　黎志涛老师原本不在采访名单上，但因为他写作了传记《杨廷宝》，所以我们的南京之行特意安排了对黎老师的专访。我之前不仅通读过这本传记，也与黎老师电话沟通过。

5月20日上午，在南京成贤街杨廷宝先生的故居见到了黎老师，但至今我依然不敢相信黎老师当时已经76岁了！因为室内的光线比较暗，我们决定在室外进行采访。尽管细心的赵亮特意跑去买来电蚊香点在院子里，又喷了不少花露水，但整个采访过程中，蚊子依然一直在不停地袭击我们。

虽然在学校读书的时候，杨廷宝先生并没有直接指导过黎老师，但黎老师为了写作这本传记，搜集了大量有关杨廷宝先生的珍贵资料。他说，因为

---

① 指文津街的馆舍。

杨老为人特别低调，且不在意那些身外之物，所以，杨老的资料具体放在哪里都不清楚。黎老师只好到处寻找，在各地档案馆里查，找各位老师要，甚至去杨先生的老家南阳找。因为杨先生的小弟弟还健在，目前生活在郑州，他就去郑州……黎老师先后搜集了800多张杨先生的照片。

黎志涛教授讲述杨廷宝先生的故事

黎老师说，杨先生平时非常平易近人，但是在课堂上又非常严谨，谁都怕他。比如钟训正先生和齐康先生，当时就很怕杨老，因为杨老要求非常严格，画错一点就批评他们，就要他们重画。但实际上杨先生是看好这两个学生的，认为他们今后会有发展，但是当面对他们非常之严。在生活当中，在学生活动当中，或者在晚会当中，杨先生跟大家是一样的，非常活跃，甚至可以在舞台上随手拿起一把扫帚当剑，表演一段武术。

杨廷宝先生给他最深的两个印象，一个是做人做得很正，一个是做事情就就业业。

中国记忆团队在杨廷宝故居前与杨士英女士、黎志涛先生合影

　　黎老师为人特别热心，我们之所以能够采访到杨廷宝先生的女儿杨士英教授，就是得益于他的牵线搭桥，而《杨廷宝日记》手稿能够顺利入藏国家图书馆亦是得益于黎老师的无私帮助。近几年来，黎老师正在努力完成《杨廷宝全集》。

从北图方案到国图改造

受访人：张锦秋
采访人：李东晔
时间：2017年6月14日
地点：张锦秋院士办公室，西安
摄像：胡楷婧、刘东亮

　　张锦秋，1936年生。中国工程院院士，中国建筑西北设计研究院有限公司总建筑师，教授级高级建筑师。1960年清华大学建筑系本科毕业，1966年清华大学建筑系研究生毕业。2015年5月8日国际编号为210232号的小行星正式命名为"张锦秋星"。北京图书馆新馆工程方案设计者之一。

一、从北图方案到国图改造

　　我记得好像是1976年[①]，为了北京图书馆的新馆建设，国家建委在全国范围征集方案，那个时候也不叫什么投标，连竞赛都不是，但全国各大设计院和大专院校都积极响应，我们中国建筑西北设计研究院（简称"西北院"）也是集中了一点人力来参与这个方案。院里给我们几个人下达了任务。我记得那个时候我也很兴奋。因为经过"文革"以后，有机会参加这么大的国家的工程，大家都很珍惜。

　　我们西北院一共可能出了三个方案，当中有一个是我做的。当时觉得这个图书馆应该是具有国家文化的象征，所以应该在风格上反映中国的特点。另外它在紫竹院公园旁边，风景非常优美，有这么好的自然环境的条件，这个馆的建筑一定要跟紫竹院公园要有很好的结合，最好让阅览室里的人都能

---

　　① 实际是1975年。

看到紫竹院的风景。所以我记得当时我做了一个方案，不是围合型的，而是很多π字型的组合，以便大家能尽量观赏到庭院的景色，所以设计的都是敞口的庭院，一个个的凹口都冲着公园。

当时对大型图书馆在功能上怎么现代化，我并不是很了解。因为"文革"的时候我们都到山区搞三线工程了，很少搞大型民用建筑。但当时我们西北院还是很认真、很努力地发动我们做方案。我记得那轮方案做完以后我就调去搞别的项目去了。后来听说这个方案是由我们国家的顶尖级的五位大建筑师负责，他们把所有的方案都看了、研究了、总结了，归纳了大家的想法和优点，做了一个"五老方案"。"五老"是以杨廷宝先生为首，还有戴念慈戴总，我们的吴良镛老师等。后来我看到过那张"五老方案"的彩色表现图，哎呀！非常佩服他们。因为那个方案确实体现了我们大家的意愿，具有中国的文化特色。它不是仿古，是相当有创新的。我还记得那是色彩非常柔和、非常高雅的一张图，听说是吴良镛先生画的。

后来建委决定把这个工程交给建设部设计院和西北院两家共同来完成。当然我们西北院有份来参与这个工程是很荣幸的，我想，这跟当时西北院的积极程度与提供方案的质量还是有点关系吧。当时我们院里由副总建筑师黄克武带队，还有王觉，这些都是西北院的好把式、好手，由他们正式组成了北京图书馆工程的设计组。有的工作是在西北院做的，有的就要到北京去跟建设部设计院配合。

据我所知，当时北图项目的两个项目负责人，一个是在北京的建设部院的杨芸杨总，西北院就是黄克武黄总。建设部院的建筑专业的负责人：一个是翟宗璠[①]翟总，是一位很有经验的女建筑师，我们都很佩服她；还有一位陈世民；我们这边的建筑专业负责人是王觉。所以，人员实力是很雄厚的。后来，因为工程在北京，肯定要派一个团队长期驻现场，配合工程的施工，所以，我们院还根据进展的情况，专门安排了人员在现场配合。好比，打地

---

① 实际上，翟宗璠是接替杨芸工作的，中国建筑设计院的最后一任设计总负责人。

基做基础的阶段，做主体结构，那么就以结构工程师为主驻现场；到了建筑专业的活儿比较多的时候就由建筑师，像王觉这样的专业负责人驻现场。我们当时是全力以赴的。直到现在，我们西北院那一代人，一说起北图都很亲切，我们到北京去的时候也都要去看看北图。有的时候出差路过北图，让车停一停，我们要拍一张照片。我们院的摄影师还专门到紫竹院公园去找好的角度拍北图的照片，放到我们院的作品集里边。我们西北院的人对北图是很上心的。

　　我个人没有能参与当时那些主要阶段的工作，只是听说"他们又驻北图现场了……"，"谁谁谁回不来……"这些情况。后来，到了2010年，北图要进行内部的装修改造。我去参加研讨会，当时让大家从正门的门厅进去，把里边主要的阅览室，还有一些收藏、展陈空间都看了一下。看了一下之后，确实觉得那个年代的室内设计、室内装修，有点跟不上现在时代的发展了。从外部看，从城市的角度看北图还是很好的，但是进去以后，觉得里边好像有点简陋了。另外，当时可能也是"文革"以后没有多少年吧，建筑材料等，比较落后，装修的做工和里边的表达觉得也过于简单。所以要与时俱进的话，随着功能变换还是要有些调整的，应该做必要的内部改造。当时讨论的就是应该怎么改，哪些能动哪些不能动。因为过去的室内设计，建筑师参与的比较多，比如这个地方要有一片墙，那个地方是栏杆，很多都是建筑师拿主意。不像现在，现在主体结构一出来，室内设计可以完全不按照建筑师想的那个路子，而是另外做一套。所以我当时提出来了，主要的空间结构、空间构成，因为那是体现建筑师的构思的，这些地方建议不要大动。比如，我记得大厅进去左边有一道高墙，如果要是"嘁哩咔嚓"的都打了，整个空间格局就变了。我说，空间的大格局最好不要动，但是照明、材料这些应该更新，表现的手法也可以更新。色彩，我记得当时好像是红地毯，还有些暗红色的铺地的材料。我说，色彩最好也保留原来的特点。我会上发了言，大家都在发言。

　　后来，改造完了以后，国家图书馆又让我去看过一次，说你来看看，改造完了，我们就按照你说那个原则改的。我说，我哪里说了什么原则啊？我只是说了一下我的想法，就是按照大的空间结构不动，材料更新、手法更新，但是色彩要保留一点原来的色彩，保持原来色彩的特点。我去了一看，现在都铺上红的地面材料，很堂皇的，觉得他们做得还是非常好，内部改造得很成功。

另外，北图也是一个园林化的建筑，所以跟庭院的关系很重要。人家本来可以通过窗户欣赏庭院的景色，你弄一堵墙挡了就不好。我说，还要保持能够欣赏到庭院的景色什么的，他们在这些方面都很注意，所以，我觉得改造得非常好。

二、关于建筑的风格

建筑风格问题说来就话长了。新中国成立初期，咱们国家的政策曾经提出过，要学习苏联——"社会主义内容，民族形式"。所以1949年以后，有很多建筑做得比较古典，北京做得比较多。后来不是一度也批判梁思成先生吗？批判梁思成先生，那批得很厉害。其实并不是梁思成先生说"现在大家要做大屋顶"。不是！就是因为当时国家的政策要求"社会主义内容，民族形式"，所以大家响应号召，民族形式做得比较多。那时候批判了梁思成先生以后，一度在建筑创作上就比较排斥这种传统的东西了。到了1958、1959年的国庆工程，当时全国开展竞赛，轰轰烈烈。那个时候我们在学校也参加国庆工程设计，我是革命历史博物馆那一组的。到最后，你现在看看，国庆工程很多建筑还是继承了中国建筑的民族传统。当时我们建筑界批判梁思成，批了半天，等到做国庆工程的时候还是离不开中国的传统建筑文化，真的！当然那个时候的建筑师也是尽量要做得更现代一点，不要很陈旧。像人民大会堂，还有我们参加的革命历史博物馆，中国古代没有这些类型的建筑。那种大的格局，我觉得很多方面还是从西方的大型公共建筑里边吸取的。但是你注意，那些建筑还是三段式，下面有台座，上面有柱廊、有檐子，这些其实还是中国建筑语言的表述。

所以，我觉得很滑稽，有些人写建筑评论文章，说国庆工程是"苏式"①的工程，那完全是错误的。那不是学苏联的，而是从西洋古典建筑空间布局的经验中组织起来的，具有复杂的功能，包括如何有轴线，怎么穿插，等等。还有就是中国建筑传统文化的应用，比如，琉璃、檐口，虽然不是大挑檐，但是还是琉璃的，檐下有琉璃的花板，这些都是中国建筑文化的语言。所以我认为国庆工程是我们国家建筑创作的一个突破。是在20世纪50年代批判了大屋顶以后，掀起的一个建设高潮。

后来又经过了很长的时间。"文化大革命"那时候就根本不让讲建筑艺术了，讲建筑艺术就是犯罪。那个时候我们搞设计，墙上都不能抹灰，外墙抹一抹灰，搞点什么装饰那都不行，更不要说其他的了。

这个时期过了之后，国家又要开始一个新的建设阶段。我认为作为新阶段的起点，北京图书馆新馆具有代表性和象征性。你看，它就不是国庆工程的那种做法了，是吧？用现在的语言叫与时俱进。当年的北图是考虑中国特点的，因为国家图书馆没有中国的特点不行啊，但还得是现代的。所以在我看来，当时的这个建筑不是大屋顶，也不是很多大坡顶，只是在重点的地方有面积大一点的坡顶，一般的地方就用盝顶，等于是一个平顶出了一个小挑檐，并没有用大屋顶起翘，它是平的，比较简洁。但是你看它高低错落，轮廓线、体积的组合、构成，等等，使用的还是中国的建筑语言，有轴线、对中，很庄重，但又不是绝对对称，两边还有些变化。色彩没有用黄琉璃之类的，用的是那种，我记得叫孔雀蓝，当时要求琉璃瓦生产单位生产一种孔雀蓝的琉璃瓦，很高雅。另外，我记得那个墙面，当然不能是红墙了，也不是白墙，当时要求那个墙面面砖有一点灰色，这样就显得更柔美一点。淡灰色的墙，下面重点部分有白颜色的汉白玉栏杆，这一点就很传统了。所以从大的方面来看，我觉得还是中国味十足，但又绝对不是复古的，而是创新的。

---

① 即苏联式。

用梁思成先生的话来说，它就是中而新，反映了那个阶段我们的审美，我们的技术条件、材料条件，等等。我觉得当时的中国建筑界做了最大的努力，所以我觉得这组建筑确实是具有标志性的，反映了时代的特点。

因为北图跟紫竹院公园的关系比较密切，当初一期设计的时候就考虑了二期发展用地，一直到公园旁边，但后来好像你们盖了宿舍楼了。我觉得要说败笔的话，宿舍楼是个败笔。你们二期本来可以跟紫竹院公园结合的面更宽，但是现在用宿舍楼把那头给封住了，所以二期跟紫竹院公园就没关系了，是吧？我只是希望能够让图书馆跟公园结合得更好。

采访手记　　时间转眼就到了2017年的6月。6月9日一早接到胡建平的电话，说下周三（6月14日）上午张锦秋院士可以接受采访。但是，这个好消息来得有些突然，突然得让我有些措手不及。因为好几位负责摄像的同事都出差了。研究再三，我们"30周年"专题口述史项目采访小分队决定启用两位年轻且非专职摄像——胡楷婧和刘东亮，由他们负责本次采访的拍摄。

接下来的那个周六、日，我都是与"张锦秋"为伴的——进行各种采访之前的案头工作。原来，张锦秋院士的姑妈张玉泉就是一位建筑师。作为执业建筑师，张玉泉与丈夫费康一起在上海创立大地建筑师事务所，并且在丈夫去世后一直独立支撑事务所的设计工作。1951年张玉泉以建筑师的身份加入华东建筑工程公司。1954年公司迁往北京并更名为一机部第一设计院，张玉泉也随公司搬到北京，历任主任建筑师、高级建筑师，直至1976年退休。有意思的是，两三周前我在清华大学旁听的建筑史研讨会上恰好有一位发言谈到导演费穆执导的影片《孔子》中的古建造型，在影片中负责建筑考古工作的费康，即费穆的三弟，就是张锦秋院士的姑父、建筑师费康。

在与张院士的秘书高雁老师取得联系，确定了采访的具体时间与地点之后，我们中国记忆小分队又出发了。6月13日一早，我们冒着小雨从北京出

发搭乘高铁前往西安。此次距离我上一次造访西安，好像已经过去十年有余
了。为了采访方便，我们选择住在了西安的北部新区，那里很新、很现代，
与我此前对西安的印象差别很大。

次日一早我们打车前往张锦秋院士的办公地点——中国建筑西北设计研
究院有限公司。虽然张院士已经81岁了，但作为院总建筑师，她的日程依然
非常繁忙。她人还没到办公室，在我们之前就已经有两拨人等在那里了。我
们则正好趁着张院士未到的空档做拍摄前的准备。但遗憾的是，我们这次出
差竟然忘了给相机带电池！

张院士到了，我们终于亲眼见到了"小行星"！她端庄大气，精神很
好，也很和蔼。跟我们打过招呼之后，她就先忙着接待前面那些人了，好
像是帮他们看方案。我们坐在对面高老师的办公室里等待，隐约可以听见
张院士办公室里传来的声音，张院士对那方案的点评似乎并不客气，句句
都切中要害。

终于就剩下我们了！在两位同事做拍摄准备的时候，我连忙与张院士沟
通，向她介绍中国记忆项目以及此次"30周年"专题口述史项目采访的目的。
她对国家图书馆的工作给予了很多肯定，认为我们正在做的事情非常有意义。

中国记忆团队采访张锦秋院士

此前，仅在上海听黄克武先生提到过，张锦秋当年为北京图书馆新馆做过一个书库在前的方案，此外没有听到过其他说法，更没有见过相关的图纸或图片。所以，我们的问题还是从40多年前的那场汇聚了全国各大设计院与院校的方案征集开始。张院士说，当时国家的建筑设计经过了很长一段时间的停滞，盖房子连抹灰都不允许，更不要说设计了。所以听到北京图书馆要建新馆、征集方案这件事情的时候，她的心情与大家是一样的，非常兴奋。因为新馆毗邻紫竹院，为了能够让读者尽可能地在读书学习之余领略到公园的美景，她没有采用通常的围合型的设计，而是特意使用了好几个π字型的设计，让阅览室的窗户都能够尽量面对紫竹院公园。

听到她的讲述与解释，我既有些惊讶又有些激动。起初，听黄克武先生提到张锦秋那个书库在前的方案的时候，我还有些纳闷，见过不少图书馆，但几乎没有哪个是将书库摆在前面的。这下终于明白，她是想让使用者充分"借"到紫竹院公园的美景！当然，张院士对于97岁高龄的黄总还记得她当年的方案也是分外惊喜。她开心地说，自己都不记得了，黄总竟然还记得。

可能也是比较了解当年的北图工程吧，张院士主动跟我们提起了当年北图工程的另外一位设总翟宗璠。她说翟总比自己大一轮，是一位很受大家尊敬的建筑师，对结构和工程都很熟悉，等等。机缘巧合的是，我们接下来就要去新乡采访翟总。

采访到这里，我忽然有了一种感慨，经过与这些前辈们的接触和了解，通过与他们的交谈，我们工作中的一项重要内容就是将他们联系在一起——之前，我们曾经把杨廷宝先生故居院子里的枇杷带给了黄克武先生；今天，又将黄克武先生对张锦秋的记忆带给了张院士；明天，我们还会将张院士对翟总的敬意传递到那位已经93岁高龄的老人家那里。想到这些，我的心中充满了浓浓的暖意与自豪。

中国记忆团队与张锦秋院士合影

　　因为接下来张院士还有安排，我们不便久留，便带着满满的收获告辞了！当天下午，我们去参观了张锦秋院士的作品之一——陕西历史博物馆。

书库居中的方案

受访人：冯钟平
采访人：李东晔
时间：2017年8月29日
地点：冯钟平教授家，北京
摄像：胡楷婧、毛梦鸥
其他人员：胡建平（国家图书馆基建处高级工程师）

冯钟平，1936年生，1960年毕业于清华大学建筑学专业。清华大学建筑学院教授，清华大学建筑学院原副院长。北京图书馆新馆工程方案设计者之一。

一、最初的方案

北图工程当时传达下来是这样子的：这是周总理提出来的（后面就是说遗愿了），这是国家的图书馆，一定要建设好！具体位置就是在紫竹院边上，后面有湖，有一个非常好的环境，西边和南边可以跟紫竹院联系在一起。一开始的时候找了10家设计单位来做这个工作。

我毕业以后，就一直留在清华，在建筑系设计教研组。吴良镛先生在规划教研组。我们民用建筑设计教研组还有李道增、关肇邺等人。李道增是支部书记，他当时也负责我们的设计工作。接到北图的任务之后，他就找了我们整个教研组里设计比较好的、比较强的同事。一个是胡绍学，后来他做了我们学校建筑设计院的院长；第二个是田学哲，他现在已经去世了。他们两个都比我高一届。当时我们教研组里面的每个人都做了一个方案，李道增有方案，田学哲和胡绍学也有方案，魏大中也有方案，我们有几个教师就有几个方案，当时就是这么样子做的。吴先生因为是规划系的，所以在最初的这个设计阶段，吴先生没有加入。

当时的十家单位——五个高等学校，五个大的设计院。五个高等学校有清华大学、天津大学、南京工学院、同济大学、华南理工学院。大的设计院，北京两大家：建设部设计院和北京市设计院，上海就是华东设计院，另外还有华南设计院、西北院。我记得当时把所有的设计方案集中在一起，举办了一个展览会。每家都介绍了一下，我记得杨廷宝他们做的方案好像是不对称的方案，就是书库和其他部分不对称的方案。李道增先生做的那个方案，特别像美国国会图书馆那种。

我做方案之前，特意骑自行车到紫竹院那去看过一次。因为紫竹院公园有个湖，所以那个地方①实际上是被一个水面包围着的。我当时考虑把书库放中间，就做了书库在中间的方案。但是不是做成民族形式，那时候还没有定下来。

我当时的方案，整个东边靠马路是设计了会展中心，就是为各种开会、展览，设计有这么一个中心，因为靠马路②，很方便。紫竹院公园是在南面和西面，入口肯定是从东边进去，南面和北面也是布置阅览室和展览中心。我去紫竹院看过以后，画了一张草图，从湖面、从最西边画过去的，书库放在中间，那个湖边都是柳树和杨树，还有些花，等等。我记得当时林乐义（时任国家建委建筑设计院总建筑师）看了以后就跟大家讲："你看清华的老师，一个多小时，就画出这么一个东西出来了。一开始不要去画太细的东西，就要先画大的效果图。"

二、集中优化书库居中的方案

方案展览评选之后，选出了三组方案进行优化，其中一组就是我做的书库居中的方案。当时并没有选中谁，但是选中了书库在中间的方案。因为我

---

① 指图书馆。
② 当时叫白颐路，即现在的中关村南大街。

做的正好是这个书库在中间的方案，所以李道增先生就说，你就集中去建设部设计院做方案吧。这样我就去建设部设计院，跟建设部设计院的三个人：一个杨芸，他后来当了设计总负责人；第二个是龚正洪，龚正洪跟李道增是同班同学，他说，"我就做平面"；还有一个叫王章，跟我一块，平面、立面都做。杨芸当时不太画图的，等后来确定了方案以后，他也画过一张钢笔的整体的图。我们几个人就是这样，一起集中到了建设部设计院，重新开始做书库在中间的方案。

我们当时就住在建设部设计院的北面靠马路的招待所。后来大概比我们晚了一个多礼拜，杨廷宝他们也去了，然后戴念慈、张镈，后来吴良镛也来了。建设部当时一共就是我们两个组在那里做方案的优化。

后来，我们研究了以后，逐步形成了一个想法，觉得还是应该仿汉代的建筑，不要像清式建筑那么啰嗦。汉代建筑更粗犷一点，粗犷、简洁，没有那么多细部。

再有就是书库，我们研究了很长时间，书库到底用什么形式。第一个就是矩形，就是整个是一个矩形。但是我看南京工学院杨廷宝他们做的方案，他们做的书库有点工字形的。我记得戴念慈前后一共到我们这边看过两次，他希望书库是工字形，同时做成不对称的，希望在对称里头又不对称。我大概在那集中工作了一个多月，后来周总理去世了，这个事情就停下来了，在那之后我就再也没有参加了。

当时建设部设计院的主力全部到河南去了，我那个时候听建设部设计院的人跟我说，他们没有力量来做施工图，施工图要由西北院来做。后来的事情我就不清楚了。

采访手记 2017年8月22日下午，我正在楼下剪辑室里摸索着打算开始剪辑的时候，突然接到一个短信，"李东晔：我是被你采访过的西安的张锦秋。近日我听到清华大学教授冯钟平先生说起，他参与北图工程，综合、深化方案的全过程，情况比我清楚得多。这对你们梳理那段历史会很有价值（有关人士很多都不在了）。冯钟平是清华建筑系的设计高手，参与过许多重要工程，后来担任建筑学院院长，现已退休多年，还住在清华。建议你可与他访谈。特此告知。祝你们工作顺利。张锦秋"。接着，张院士又发来了冯先生的电话号码。惊讶与意外之余，我连忙拨打电话，可惜一直没有应答。一直等到次日下午，才跟冯钟平先生取得了联系，并约定8月29日（周二）前去他家中采访。

8月29日上午，负责摄像的同事胡楷婧、毛梦鸥，基建处的工程师胡建平，还有我，一行四人驱车前往冯先生位于清华大学家属院的家中进行采访。担心我们找不到路，冯先生很早就等在大门外面迎候我们了。

冯钟平教授

原来，冯钟平先生是我国科学植物（生物）画的创始人冯澄如先生的儿子。我国现代第一部植物学著作《树木图说》里的插图就是冯澄如先生绘制的。说来也巧，当年冯澄如先生曾经就职的静生生物调查所旧址就位于文津街北京图书馆老馆主楼西侧，冯钟平先生还记得自己小时候在那个院子里玩要的情形。

正如张锦秋院士介绍的那样，冯钟平先生的确是一位"设计高手"。早在1958年，还在学生时代的冯先生，就参与了中国革命博物馆和中国历史博物馆的方案设计，并且，因为他参与设计的方案最终获得了国务院有关领导的充分肯定，作为设计代表之一的冯先生也因此有机会去中南海向周总理汇报工作。冯先生至今仍然保存着向总理汇报设计方案的照片，他说："这是我此生最值得骄傲的事情！"

说到当年北京图书馆新馆的设计，冯先生说，当时李道增先生是他们的党支部书记，也是建筑设计方面的高手，李先生领到任务分配给大家，他们设计教研室每一位老师都独立做了一个方案。因为冯先生当时家住魏公村，距离不远，他特意骑自行车去紫竹院那个地块勘察过。考虑到那个位置实际上是被紫竹院公园的水面包围着的，所以，他当时做的是一个书库居中的方案。但那时他还不确定建筑的外观具体要采取哪种风格，他只是从功能布局上进行了精心安排。

因为后来29个方案经过展览和讨论，最后选择了书库在中的方案，他说："当时并没有选中谁，但是选中了书库在中间的方案。"所以，在那之后，冯先生又参加了清华大学与当时的建设部设计院联合组成的设计小组，进一步深化、优化方案。就在方案设计尚未全部完成的时候，周恩来总理去世的噩耗传来，他们的工作也就戛然而止了，之后的工作他没有继续参加。只是听说当时因为建设部设计院大部分人员都下放到河南去工作了，没有力量完成施工图工作，所以要与当时西北院合作。

除了受到过周恩来总理的接见，向周总理汇报过工作之外，冯先生还有另外一件引以为豪的事情：1958年参加完中国历史博物馆的设计之后，他作为中国青年代表团的一员访问了古巴，受到到了菲德尔·卡斯特罗和切·格瓦拉的接见，还与他们一起座谈。我们看到老人珍藏的照片，也都受到了感染，非常激动与骄傲。

中国记忆团队与冯钟平教授合影

　　可惜当天中午我要坐火车去郑州出差，不能久留，只得匆匆结束了采访，与冯先生挥手告别。

北图工程最年轻的建筑师

受访人：王贵祥、李群
采访人：李东晔
时间：2017年9月6日
地点：国家图书馆口述采访室，北京
摄像：刘东亮、毛梦鸥
其他人员：胡建平

王贵祥，1950年生。清华大学建筑学院教授，博士生导师。北京图书馆新馆工程方案设计者之一。

李群，1952年生。青海省人民政府参事室参事。历任青海省建筑勘察设计研究院院长，青海省建设厅总工程师、副厅长、一级巡视员等职。北京图书馆新馆工程方案设计者之一。

一、从作业到方案

王贵祥（以下简称王）：我记得1975年毕业前我们全班去北图有过一段时间的考察，然后大家一起做方案，我印象中在北图还住了两天。我对当时有几个印象：第一个，我们进去参观，了解工作流线；第二个，我印象中还请吕增标老师讲过图书馆设计。吕增标现在在美国，他写过《图书馆设计》。那时候我开始看他那个油印本的《图书馆设计》，才知道图书馆建筑是怎么回事。我还有一个特别深的印象就是，咱们在北图食堂吃饭的时候，一帮新入职的小青年，由北大图书馆系毕业的，到北图上班。我们当时特别羡慕他们——"你看，他们都工作了！"这个印象很深。再后来，在北图的一个大房间里面，大家画了几天图，后来好像又回到学校画。回学校归纳方案，那时候我估计好多老师都参与辅导了。其中我印象最深的，除了吴良镛先生，还有老夫子周维权老师。周维权那时候喜欢边走边讲故事，特别有老夫子味道。徐伯安老师也在里头，那时候冯钟平老师反倒没在，冯钟平好像是在这之后参加的。做完了方案，在系里一展览，这事好像就不了了之了。后来不知怎么着，又要我们再去完善图书馆的方案。那时候李道增老师不怎么参与了，主要是冯钟平带我们几个做。

做到大概9月份了，有一个展览，这个展览我印象特别深，就是29个方案的展览。两次方案我们都参与了。清华最后展出的方案，应该是在咱们之前那些方案的基础上，我估计真正展出的时候是老师们画的，有可能是冯钟平他们画的，或者徐伯安他们参与画的。当时展出的29个方案确实很震撼。第一个就是杨廷宝的方案，有点那个大屋顶的味道，我记得那个图是仰视的。现在我们看到的方案是俯视图（见第23页图）。

29个方案展览的时候，我印象最深的是咱们的方案，一看就知道，跟建设部设计院的方案很接近，我们这两家的造型空间上有点接近。当时吴良镛先生没有独立出方案。清华方案就是冯钟平带我们做的那个方案。还有一个我印象很深的就是戴念慈的方案。因为大家一边看展览，那边建筑师们一边在议论，"戴先生的方案属于既新又老那种"。大家都特别欣赏。我们看了半天，也觉得戴先生方案挺好，有点味道。我们清华的方案好像还是中规中矩，杨廷宝的方案比较中国味，大家就有这么个印象。其他方案就记不清了，太多了。我们那时候比较封闭嘛，那么多年里面，头一次看那么多方案，还是挺兴奋的。看完那个展览以后，开过一个会，然后就开始集中做方案了。

集中之后就先去考察，考察的时候我们三个[1]就有幸跟上吴良镛先生了。那个时候还没有开始做方案。去承德，还去了哪我记不清了，承德肯定去了。因为承德我是第二次去了。第一次你[2]没去，我跟刘念文去了，吴焕加[3]带着

---

[1]　清华大学建筑系当年参加方案优化设计的三位毕业班的同学——徐键、李群和王贵祥。

[2]　指李群。

[3]　清华大学建筑系教师。

我们去的。第二次又去承德。这一路上我有两个印象，一个是每天早上起来戴念慈打太极拳，杨廷宝杨老也打太极拳。还有就是杨老走到哪，随手就画，线条特别快。我们就在旁边凑着看。吴先生把我们叫到旁边说："你们看杨老，你们看你们，你们得勤快点。"意思就是要像杨老那样，随时得画。当时好像李群还画两笔，我是不敢画，看老先生在旁边，根本不敢画。李群在我们班上是设计最好的，他手下功夫也好，所以他敢画，印象中反正我是不敢画。

李群（以下简称李）：承德我记得就画了一个磬锤峰。

王：反正你画了，效果还不错。路上因为跟老先生有接触吧，就觉得特别荣幸。回来接着就到建设部设计院集中了，这时候我们仨就有兴趣了。我的印象，最初做北图设计那时候好像全班都在，人多，那会儿人特别多，好像是一个穿插课题似的。大家都做，就是大家拿思路，时间并不长，一两个月，然后方案也是晒了一堆，好像是徐伯安还是谁带我们。咱们那方案就一直是比较倾向于现代的平面，中间一高、两边对称，那个方案一直延续到后来。

李：这是后来的方案了。

王：是后来的，但是我们当时思路就是这个味道。老先生的方案其实是在29个方案以后重新综合的。

李：对，好像最早的方案不是这样。

二、在建设部设计院集中做方案

王：最早的方案不是这样，但是刚才看到的那张图跟我印象里的不一样。我老有个印象就是，杨廷宝先生的方案是站在下面往上看的，结果这是个鸟瞰的，跟我的印象对不上，别的我就不记得了。

李：我对那方案的印象更少，我觉得好像是上面有那个小坡屋顶，就像这样的小亭子一样的，但是底下不像现在那么干净。

王： 我的印象是29个方案集中了以后，大家在北京有一个会议，然后一起去的承德，再回来成立老头组和咱们参加的这个建设部院组。

李： 当时我的印象，跟老头组就是隔壁的关系，而且在我的记忆里头，好像正式的方案是从这个时候才开始大规模地做了，之前是探讨性的，那些都记不太清了。在北图参观的时候，我就记得对那个地下特藏室特感兴趣，还给我们晒了一张圆明园的图。

另外，好像同济那边，后来我们拿出了方案以后，听说他们的方案是一个"高层"组，广州还有一个组吧。我的印象是这样的。但是北京至少是有这么两个组。

王： 我们实际上相当于建设部院跟清华的一个联合组。

李： 我觉得当时直接带我们的是冯钟平，有时候李道增是不是也来？

王： 到了建设部冯钟平不管了吧？

李： 那是谁啊？

王： 实际上是杨芸和另外那几个人，吴先生有时候过来看看，好像吴先生也在咱们这个组吧？

李： 吴先生，我是记不清了，杨芸这名字好像有。

王： 杨芸，后来最终方案落实都是他。

李： 对，我们三个同学都在那个房子里，还有其他的几个人。

王： 年轻点的，建设部设计院的王章，还有一个记不得名字了，就是画图特别棒的。那个人不说话，老画图，相对来说比我们年龄大几岁，他最不爱说话。我们没有跟老头组在一个屋子里。他们应该也在画。但我就有点儿搞不明白，吴先生当时好像又给我们指导，好像又在另外那个组，所以这个事情有些模糊了。但是我不记得别的老师在我们那，别的老师没有管，基本上就是清华跟建设部院合作的一个方案，当时的概念就是我们两家合一个方案，老头儿一个方案。

李： 当时就是说老头组做的方案可能更传统一些，意思就要老一点，然后我们这个组做的呢，要中间一点、新一点，或者叫中而新的，是这么个概念。"五老方案"也对,老头组也对,这是一个概念。

王:肯定是两个方案,这没问题。我印象中立面是建设部设计院的建筑师做得多,我们主要是画平面的东西,就是细化,做楼梯、做厅、做空间、做柱网、做廊子这些东西。

李:主要是平面。后来让我更主要的是推敲入口的这一块,包括怎么把毛主席著作阅览室摆好了,要摆到一个恰当的位置。

王:杨芸、王章,另外一个建筑师,还有我们仨是在一个大房间。

李:是不是有咱们的老师啊?

王:我觉得冯钟平要去也是会去,但是他不会跟我们坐在那画图,因为他肯定在学校还有事。

李:可是那段时间我怎么记得我还到他家吃过饭?

王:那会儿接触是多,因为冯钟平最早从那个总政排练场方案设计的时候就带着我们,所以跟咱们比较熟。

李:我也记不清什么时候吃过饭了。他那时候在民院附近魏公村还是什么地方住。

王:就在魏公村附近,挺近,我们也去过他家,好像在气象局那边,反正就在这附近,离这很近。我们都去过他家吃饭。

李:我们当时可能也参与过一些立面的推敲,主要是推敲一些局部。我们这个组可能当时有一个基本想法,就是不要太传统了。可是29个方案之前的事我没有印象了。

王:我的印象是在29个方案展览之后了,才有分组这件事。

李:我也想不起来了。我印象挺深的就是,那边是不是有个报告厅?

王:原来设计上有个报告厅。

李:我印象里就是推敲那个立面,和建成的这个立面是非常相近的,正面的大的形也是差不多的,但是现在比当时我们那个方案稍微复杂了一些。

王:另外就是感觉屋顶没有我们最初那个感觉了,就是屋顶有点简单了。

李:我看了一下平面和我们当时画的基本一样,立面变了一些。另外一个就是西北院后来怎么把几个方案揉到了一起，这个过程我们都不知道了，我们都走了。

王：反正我们每天上班在那楼上就是画，然后那些工程师会给我们提要求，再给我们介绍，但是都画了些什么我也不记得了，反正画了好几张图。我们偶尔也去隔壁看一看。

李：我的印象中，他们最开始画的方案有一些木构的感觉，等于是在一个主体上面有一些木构的感觉。再一个就是杨廷宝的那个方案的印象，我觉得挺深的，上面应该有两个亭子还是一个亭子，底下入口也有古建筑风的味道。

王：我对杨廷宝的方案印象最深就是在没看到他的图之前，或者就是他在给大家讲方案，讲他的构思的时候，他特别说了他为什么要做这么一个仿古代的东西，为什么要用大台阶。他说，他到了西安的大明宫遗址那里，往那一站，他就想象大明宫含元殿两边阙楼的那个感觉，那才是中国建筑最感人的地方……我对这个印象特别深。我印象中他自己画的那个图是个线条图，是个仰视的，跟他说的是一样的，就是站在含元殿前面，这么一看，觉得特别雄伟，我看那张图跟他说的那个形象特别一致。当时我就想，这位老先生就是厉害，对建筑气势的把握特别准。所有方案看完以后，除了咱们自己的方案，我还欣赏两个方案。一个就是戴念慈的方案，有点中不中、西不西，但是非常新，又非常有味道。我说戴总方案还是厉害，都认为他的方案是最传统又最现代，但是我现在记不起样子了。再就是杨廷宝的方案，杨廷宝方案我老有个印象，特别雄伟的那种感觉。

李：我忽然间想起来，吴良镛好像画了一个后面有公园的图。

王：吴先生肯定画了个图，我记得他那天当着我们几个同学的面很快勾了一个整个的关系、一个鸟瞰图。

李：他画过一个，就是手勾的，可能也是毛笔还是什么，反正是鸟瞰的，后边有公园。

王：他给我们拿硫酸纸画过一个示意图，那图我还要了，但是现在我不知道放哪了，他就说要这个状况，画得很帅气、很简单。当时我就想珍藏的，但是这么四十年我不知道珍藏到哪去了，越珍藏越找不到了，肯定在哪个犄角旮旯里塞着呢。

李：按理说吴先生应该是哪个组啊？

王：他是老头组，但是他对我们三个人好像关注挺多的。

李：对，他老过来。

王：他老看我们的东西。后来这几位老师，徐伯安、冯钟平，好像没见他们怎么管过我们。

李：徐伯安好像来过。

王：来过，他没怎么管过。但是画图好像就是我们三个跟那个工程师接触多，因为我们是常驻那，他们是来回跑。

李：我们好像被分了工了。可能是谁负责总图啊，谁负责重点入口啊，就是这些，但是大家都还一起画图。

王：都在一起。跟杨芸、王章，大概我们是六七个人，在一个屋天天画。王章比我们大不了几岁，属于年轻的；还有一个不说话的，闷头画图的；杨芸是一个老总的感觉，大关系大都是他安排，我们最后是在杨芸的指导下完善的。我想，闹不好是建设部设计院和清华合一个方案，派几个学生跟着画去，这么个关系，老师基本不来。吴先生过来看看，吴先生在老头组。因为他老过来看，所以我老觉得吴先生带着我们，其实现在想起来也不是。后来我的印象是咱们要毕业了回校，这时任务就半截子交给杨芸。他们接着做，我们就不管了。最终还是杨芸他们实现的。

李：我觉得我们印象中的这点应该是正确的，就是当时培养几个稍微有点差异化的方案。请老头组做的中国传统的味道稍微多一点，我们这边做的则少一点。包括那个入口的屋顶，老头组完全做的是中国的那种，我们这边做的是简化的。但是最终这个方案呢，等于比那个还要更简化了一些，但是增加了很多格片，就是20世纪70年代时髦的东西。70年代加点格片不会受批判，做得太多了可能要受批判。但是这个设计最后完成是哪年我都不知道，如果到了80年代情况会好一点。

采访手记 　　2017年4月15日我在清华大学邂逅了王贵祥老师，当时王老师随口说了一句："那时候我们还跟着老师们参与过北图的设计，不过我们那时候还是学生，跟着老师做的，一定不要提我啊，不要提我……"王老师给我的第一印象就是谦和，而接下来的几次接触，王老师让我感动的依然是那份自然流露的谦和，然而，我们一定不能不提到他和他的同学们。

　　时光飞逝，转眼到了8月24日，为即将开始的一门关于建筑艺术的国图公开课，王老师专程来到我们国图的演播室。于是，我终于有机会向王老师详细请教那段40多年前的往事。正是那天，王老师为我解开了一个谜——当年为什么杨廷宝先生个人的方案能够脱颖而出？杨先生的方案到底有哪些过人之处？王老师说，自己记得很清楚，在北图方案设计过程中的一次规模不大的讨论会上，杨先生跟大家说，自己曾经站在西安大明宫含元殿前，感受到中国传统建筑的那种气势，他认为北图就应该是那个样子！王老师说，当时他们都特别喜欢戴念慈的方案，因为戴总的方案特别有"味道"——既传统又现代；而杨廷宝先生的方案给他最深刻的印象就是我们中国传统建筑的那种气势！

　　由于那天时间有限，不能多聊，又听王老师说当时是他们班上3个同学一起去建设部设计院参加的方案设计，其中有一位叫李群，原来是青海省建筑勘察设计研究院的院长，现在也在北京。于是，我拜托王老师帮忙联系这位李院长，看看是否可以一起接受采访。隔了两天，王老师回话，已经与李院长联系，他们可以在9月4至7日之间来馆里接受我们的采访。

　　9月6日下午，王老师与李群院长如约而至。我先带这两位当时应该算最年轻的建筑师简单参观了一下国图南区，两位前辈不时停下来用手机拍几张照片，或者指点评说一下，感觉他们仿佛又回到了42年前。

王贵祥（左）与李群（右）回忆往事

通过两人在现场的回忆与互相启发，我们可以比较清楚地了解到，作为当时清华大学建筑学专业的毕业班学生，他们当年在两个不同的阶段参与了北图的方案设计。最初，是全班同学在老师的带领与指导下做了一份作业，而且还在学校展出过。第二阶段，是在29个方案之后，分成6个小组对9个方案进行优化设计的时候，包括二人在内的三位清华建筑学专业的优秀学生，被老师挑选出来派到当时的建设部设计院，与几位建筑师和老师一起工作、画图。

采访现场

中国记忆团队与王贵祥教授、李群院长合影

最有意思的是，王老师和李院长用"老头组"一说生动还原了当时的场景，再一次证明"五老方案"不过是人们后来出于对当时"五人小组"中五位杰出建筑师的尊敬而"发明"出来的一种叫法。

1975年底，随着他们毕业、离京，也就退出了当时的北京图书馆新馆方案设计工作。我想，42年后亲身走进这座建筑，回忆、重温那段历史，二位前辈体会到的一定是那种既熟悉又陌生的感觉吧！

第二章

12年的建设历程
（1975—1987）

与北图相伴12年

受访人：黄克武
采访人：李东晔
时间：2017年5月21日
地点：上海植物园，艺舍
摄像：赵亮、常凤山
其他在场人员：黄克武先生儿子黄平

黄克武（1920年2月—2018年1月），1944年毕业于上海之江大学建筑系。中国建筑西北设计研究院有限公司原副总建筑师，全国勘察设计大师。北京图书馆新馆工程建设设计总负责人之一。

时间过得很快，我今年已经97岁了。岁月如歌，难忘情怀。可能我讲话的时候有点激动，很抱歉！我感觉这一段时间里面，最值得珍惜跟回忆的还是北京图书馆建设过程的岁月，许多人和事。这些往事一想起来，在我跟你交流的时候，历历在目，记忆犹新。从参加方案开始，然后到定案以后初步设计，做施工图，再接下来的现场配合施工，前前后后大概有12年，我基本上参加了整个过程。

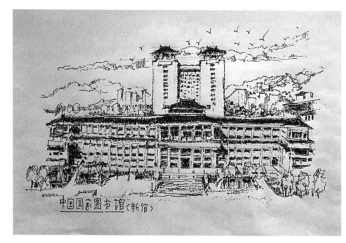

总馆南区

一、从方案设计到施工图

从1975年的方案设计开始，当时我们（西北院）不光是做了一个方案，我们做了四个方案[①]，有书库在前，书库在中，书库在后，还有一个书库在旁边。这四个方案我都参与了，因为那个时候我已经作为西北院的项目负责人，跟你们馆的馆长，跟建设部设计院一起来做工作了。以后做了很多方案，后来经过筛选留下来三个方案还是两个方案：一个书库在中，一个是书库在旁边的。最后决定采用书库在中的方案，就是现在的这个方案。

建筑的外观离不开它的总体的安排，是吧？所以当年我们做方案的时候，好像大家都有这么一个想法，就是北京图书馆，这么一个标志性的建筑，应该有我们中国自己的传统，同时又是现代的。中国传统的式样的体现不只是在屋顶，而是总体的布局、群居，这个四合院式的组合，是我们的一个主导思想。一共是13个单体建筑，有12个是连在一起的，每一个不同的建筑单元中间都留了一些距离，做出那些小庭院是为了通风，这完全是功能上的考虑。另外，你看书的话，还是希望在一个非常大的空间里面坐在一个角落里看，并且也希望可以在里面走走、外面走走，对吧？

大家做了方案之后，最后定案了，定案了之后呢，方案还要进一步地深入。另外，要把方案图变成初步设计。因为他们（之前做方案的建筑师）都是来自四面八方的，到了初步设计的时候，他们也就不参加了。方案确定了之后，当时的建设部，指定两个单位合作，要我们跟建设部设计院合作，那个时候就是杨芸和我作为两个设总来负责这个工程，但是不久杨芸走了，到香港去了。

我们西北院当时投入了很大的力量，派出了一个七十多人的设计队伍。

---

① 因为存在方案设计阶段与汇报方案阶段统计上的不一致，据《北京图书馆新馆建设资料选编》记载（第133页），在29个方案汇报讨论展览阶段，西北建筑设计院是三个方案。

我们和建设部设计院一起，就在确定了的方案基础上不断地深入，不断地修改。修改的过程中，建设部就指定戴念慈先生来指导。所以到你们的馆里，坐下来搞方案调整的时候，戴念慈先生还来指导了好几趟。我们的七十多个人是轮换着来的。有一些后续工作，水暖、电、预算，这些工种，基本上都是我们院做的。因为建设部设计院那时候人少，缺少这些工种上的力量，特别是像预算人员缺少什么的，建设部设计院那个时候是以建筑结构为主的。他们除了内地的任务以外，那个时候还在香港成立了一个事务所。后来他们还有很多国际上的援外工程。所以他们等于是"飞鸽牌"了，"永久牌"留下来的就是我们。

当时做现场设计的时候，就在你们文津街的老馆那里，腾出来一个大房间，建设部设计院跟西北院两家派出来的人，都集中在那个地方，搞现场设计。

那个时候住在北京图书馆搞现场设计的，大概有十七八个人，也算是多的。当时我们的居住条件，不像现在了，当时是在你们图书馆的一个临时的招待所，距离文津街挺远。寒冬腊月，你们图书馆给我们每个人借了一件厚的军大衣，我们要穿着厚棉大衣挤公共汽车，特别是我那时候年纪已经蛮大了，每次大家都把我先推上去。从住的地方到图书馆往返，每天早上准时出发，也不迟到不早退。大家那个时候都很老实，虽然跑来跑去很辛苦，但是也很高兴，因为那个时候社会上的居住条件就是这个样子。

从1976年，一直做到大概是1977年，才正式地被通过。1977年通过了之后，我们两个院就分工了，建设部设计院做一部分，我们西北院做一部分，都是在原来的方案的基础上做。比如说有部分阅览室、报告厅、展览厅，交给我们西北院带到西安去做。有一部分留在北京，因为我们也不能够在北京长期待下去，就由建设部设计院做。做完了之后呢，两家就又把它拼起来。

当时分工是我们自己根据工作量来分的，也根据能不能抽出人的情况来分，比如说与设备有关的设计，他们抽不出人，那么我们多出一点。这个过程中，杨芸基本上还在，那个时候就是我跟杨芸两个人，跟大家一起商量分工的。

我是西北设计院这个工程的总负责人，那时候叫做设总，也就是设计总建筑师了。他们建设部设计院的设总开始是杨芸，后来是翟宗璠，她是最后一茬，是个女同志。我跟了这个项目，基本上做了12年。

二、国外考察

从完成施工图到正式施工中间还有很长一段时间，这一段时间里面，我们就是配合施工。另外还要为图书馆去争取一些材料。那个时候有一个好处就是已经开放了，我们可以出去考察了。我记得那一段时间，我跟你们的李（家荣）副馆长，还跟另一个副馆长，一起出去考察。另外，还委托我带队出去考察，考察了好几个地方，英国、瑞士、日本、法国等。

到英国去主要是考察楼板、板柱体系。因为图书馆空间比较大，不希望从里面看见梁，因此搞了个板柱体系，引进了英国的塑料模壳。那个时候英国很保守，这些东西给你看可以，但你问他要资料还是要不到的。当时三建公司的一个总工程师跟我们一起去考察，结果我们就悄悄地把这个技术学回来了，自己搞了一个模壳作为楼板，这样底下就只有一根根柱子，没有梁了。这个技术后来也推广了，好多的百货公司什么的都用了，但是国内最早使用这个技术的就是我们北京图书馆。塑料模壳、板柱体系，这是当时从英国学的东西。

到日本考察，我记得杨芸去了一次，我去了两次。那个时候我们国内还没有预制的塑料地毯，图书馆怕噪音。当时很多人穿的皮鞋底下还是打钉子的，咚咚咚咚，有声音，所以我们从日本引进了塑料地毯，这种塑料地毯是一块一块拼起来的，可以减少声音。当时还引进了瓷砖、面砖，还有瓦。虽然也是琉璃瓦，但是这种琉璃瓦的做法跟我们的不同，后来也推广了。我们当时从日本把那种瓦带回来，然后让长寿砖瓦厂来加工。那个时候我们国家可怜得很。现在我们生产玻璃幕墙肯定不在话下，但是那个时候，国内连个铝合金门窗都做不好，最后用的是日本进口的铝合金门窗，阅览室的门窗基本上用的都是日本的，所以那个还花了一点外汇。

本来防灾系统也是准备用日本的，因为日本靠我们比较近，而且我们那个时候也比较崇拜日本的这些新技术。但是后来发现他们有一些东西用的是瑞士的，比如它的探头是瑞士进口的，防灾系统（security system），包括电器的运行，水、电、防火、防盗等也是。后来我们干脆到瑞士苏黎士去了。但瑞士人说："我们生产这个产品，但是你们在瑞士看不到我们这个产品的效果，要看就要到法国去看，因为法国的一个电话公司用的是瑞士这个防灾系统。"因此我们就从瑞士到法国了。最后决定用这个产品，又去跟瑞士谈判。那个时候我还是主谈，结果我们谈判下来，我记得那个时候好像是三百多万美元把整个系统买下了。买下来之后，北京的自动化研究所根据这个新的技术又进行了发展。另外，我们西安有个厂干脆就引进了瑞士的这个生产线，后来就发展起来了。我们北图也是一直用到现在，总的讲起来的话，小的事故可能有一些，但是大的没有。

所以，大概在1984年这一段时间，我陪着图书馆领导在外面跑了差不多好几个月。连续的，这里看完了看那里，那里看完看这里。那个时候刚好开放了，所以对外交流的门就打开了。

三、难题

北图那个报告厅（嘉言堂），一开始的时候，不是一个很重要的部分，就是一个小礼堂，还不是大礼堂，因为已经有一个会议室了（文会堂）。从整体规划来讲，这个报告厅不能做得太大，它只是其中的一个组成部分，大了之后，总体上就不匀称了。但是后来馆里就提出，那个舞台要想办法能够搞一点演出，放映宽银幕的电影，要多功能，因此音响方面就不够了。当时的声音单纯从报告厅讲的话没有问题了，但是要放电影，还要有一点演出，那声响的效果就希望能够更好一些。但这样一来的话，后台的空间就不够了，又不能够像一个剧院一样，把后面凸出来，或把它升高。所以这就花了很多脑筋，最后请了当时建筑科学研究院声学组来帮忙，还有我们的一些同志是专门研究声学的，一起来调整。考虑到造型上不能够太突出，但是音响上应该要比较好，搞了好多测试，现在看起来大概还可以，是吧？

我后来回头去想一想，在北图的建设过程里面，创作的环境还是不错的。比如说，不是有个借书处吗？借书处上面有一幅壁画叫做《科学与文化》①，一边是科学，一边是文化。当时是委托了景德镇的陶瓷厂给烧出来的，烧出来之后，好多领导就有一点担心，不同意挂出来。因为它一边是科学一边是文化，但上面是两个人，没穿上衣，那个时候就是很犯忌了。后来没办法，就请示文化部了。幸亏文化部那个时候是王蒙当家，王蒙说，让建筑师说吧，他们说好就行！所以，现在不是还保留着嘛。你看看，这个创作环境是不错的，对吧？看起来好像不是一件非常大的事情，但是作为一个创作环境的话，北图工程，总的讲起来，各方面的领导对我们设计院的建筑设计和规划设计干涉不多。

经济上也是蛮宽松的，抠得也不紧。当时三建公司还到我们西北院来了，乐志远，就是三建公司当时的总负责人，因为这个预算的事情，他带了队到西北院来跟我们谈②。我说，这个预算具体的数字就让我们负责预算的同志跟你们再聊聊，就是这样子。当时整个的预算，整个的设备，都在我们那里，是我们负责的。

那个时候有一个好处，像我参加这个工作，感觉到的压力不是很大。另外，还得到了包括你们图书馆的各位领导的信任。总的过程中，环境是宽松的。各方面的环境都是宽松的。没有经济方面的压力，而且比较尊重知识分

---

① 即《未来在我们手中》，一般称作《科学与文化》，主题为现代与未来。
② 详见后文《做了一辈子总指挥长》。

子的设计思想，特别是你们的几位领导都挺开明的。

四、收获

参加北图工程，最大的收获就是，对图书馆建筑物的建设的一些应该注意的事项，比如说图书馆的室内设计，图书馆的规划跟市政建设的关系应该考虑一些什么问题，我学到了一些东西。后来我们也写了一些东西，不是有三本"天书"吗？其中一本就是《建筑设计资料》[①]，其中关于图书馆设计的篇幅就是我们写的。

最早提出方案的时候，张锦秋跟我们都在一起的，书库在前的方案是张锦秋做的。书库在中、书库在后是我做的。洪青那个时候也跟我们在一起。因为我们那个时候民用工程做得不太多，所以有意识地，既然接了北京图书馆这么一个任务，我们院里非常重视。后来院里让我担任了项目负责人，在北京图书馆工程的12年里面，就也放任我，该跑的就跑，国内国外的跑，该到现场去参加现场设计的话，也就放人。所以，我经历了整个过程，也可以说自己得到了提高。

北图工程虽然时间比较长，但是我感觉是一个很愉快的工作，在我参加的项目里面也是非常愉快的一项。这个项目作为一个公共建筑，是我经手的项目里面最大的一个。当年在北京也算是一个重点工程，后来不是拿了金奖了吗？我也因为它拿了一个好的称号[②]。

这个项目，那个时候是建委的副主任宋养初和当时建设部设计院院长袁镜身掌舵。从周总理指定要搞这个图书馆的时候，他们就参与了，所以当年应该算是一个重点的工程。选在白石桥边上的紫竹院前面的那个空地，能够把这块地留给北京图书馆也是不简单的。我记得那个时候，钱用到哪里算哪

---

①　国家建委西北建筑设计院.建筑设计资料［M］.西安:陕西人民出版社,1979.

②　黄总因此获得了"勘察设计大师"的称号。

里。但是，我们也很省。那个时候我记着，当时为了预算，还跟三建公司打交道了，因为三建公司希望钱要多一点，他是施工单位。我们那个时候好像做了一个概算，我记得好像是两个多亿吧。

我对建筑设计这块非常爱好，很有兴趣，现在有的时候，比如说家里的朋友或者什么人，要做一个方案，叫我做，我也很高兴，在电脑里去给他弄。我主要是享受这种乐趣，而且我本来就比较喜欢文艺；另外我的一生也没有碰到很大的曲折，大部分时间是平平安安的。身体也还可以吧，97岁了，这样子，还活着。

采访手记　　黄克武先生不仅是我们这个"30周年"专题口述史项目受访者中年龄最长的一位，也是北京图书馆新馆工程中，唯一一位从始至终全程参与的建筑师，前后一共干了12年。因为当年北京图书馆设计方案确定之后，国家建委指派了其下属的两家设计院，建筑科学研究院设计所与中国建筑西北设计研究院（现中国建筑设计研究院与中国建筑西北设计研究院有限公司）两家单位共同负责工程的设计与施工工作，黄克武先生就是后者"西北院"的项目代表——设总。

之前看过胡建平2016年采访黄总时拍摄的视频资料，不敢相信屏幕里的老人已经96岁高龄！他思路清晰、表达流畅、声音浑厚，当时，我一边看一边感慨。承蒙胡工的引荐，我先与黄克武先生的儿子黄平先生取得了联系。他非常热心，欢迎我们前去采访，说老父亲除了动作慢，其他方面都没问题，也没有每天睡午觉的习惯，经常画画，一画就画大半天。还说，老人家喜欢跟我们聊过去的那些事情。因此，我们中国记忆中心一行三人于2017年5月21日一早由南京乘火车前往上海。

黄平先生帮我们事先安排好了采访地点，是他的一位朋友在上海植物园里面开办的一家会馆，环境非常好。老人家比我们稍稍晚了一会儿到达。老人家腰杆挺直，干净利落，精神状态好得不得了！我们对黄总的好脾气早有耳闻，亲眼见到这位笑眯眯的老人家更是令人心生欢喜。

97岁高龄的黄克武先生

采访最初，老人的情绪稍微有些激动。回忆当年与北京图书馆在一起的12年，他感慨万分地说，"岁月如歌，难忘情怀"。虽然当年条件艰苦，特别是对于他们在外地出差做工程的人而言，更是不容易，但黄总的言语中流露出的却是由衷的感恩与幸福。他谦虚地说，这个工程最后获得了金奖，他也因此拿了一个好的称号（勘察设计大师）。

他说自己这辈子从来没有跟任何人发过脾气。虽然当时让他最为发愁的事情就是图纸出不来，即便如此，他也不会发脾气！他说，自己会跟大家商量，共同研究，看看有什么解决的办法。因为北图工程从方案到竣工历时12年，期间，国家的社会政治经济各方面都发生了重大的变化，百废待兴，各行各业从停滞到恢复再到发展，建筑业更是首当其冲。建设项目多，人手不足是个大问题。当时，即便西北院一度就只有黄总一个人盯在北图项目上，他也照样顶下来了，而且与各方合作得非常愉快。他说，感觉这个工程压力不是很大，各个方面的环境都是宽松的。

　　说到自己的遗憾之处，老人家说，最初设计北图报告厅的时候并没有把它作为一个很重要的部分，但馆方后来越来越认为它重要，想要在里面有演出，放映宽银幕电影，等等，所以就要求在原有的体量上增加功能。他们想了好多办法，请来专门搞声学的专家一起研究解决难题。虽然最后的结果还是不错的，但老人家一再表示，因为他大学的毕业设计做的就是一个剧院，所以他认为自己当初应该把北图的报告厅做得更好才对！

　　老人家说自己特别喜欢建筑设计，很高兴做事情，很享受设计的乐趣。这位97岁的老人抿着嘴，开心地笑着，我们都被那笑容感染了！

中国记忆团队与黄克武先生及家人合影

　　2018年1月26日，我在去往摩洛哥的途中经停葡萄牙里斯本国际机场转机，落地打开手机后，首先看到的就是黄平先生缅怀父亲黄克武的消息。坐在异国他乡的候机楼里，我用颤抖的手转发了消息，心中默默地为老人祈祷……

我做的工程都很漂亮

受访人：翟宗璠
采访人：李东晔
时间：2017年6月16日 [①]
地点：翟宗璠次子方宏枢家，河南新乡
摄像：刘东亮、胡楷婧
其他在场人员：翟宗璠的丈夫方仲权

翟宗璠，女，1924年生。1947年毕业于重庆大学建筑工程系。原建设部建筑设计院顾问总建筑师，国家一级注册建筑师。北京图书馆新馆工程建设设计总负责人之一。

一、接手北图工程

北京图书馆工程开始的时候，我还在新乡，还没有回到北京 [②]。因为当时那里不同意我走，也不让我走，后来也是费了很大的劲，北京才把我调回去。因为我做事情比较认真负责吧，所以说，我到哪里哪里都不想放我走，都想留我在那里做工作。

我大概是在1977年回到北京。刚回北京，我在五棵松那里的北京市建工局待了两年，后来又调回到建设部设计院。调回设计院以后呢，主要就做了

---

① 2021年10月根据翟宗璠女士的长子方宏申先生反馈意见进行修改补充。

② 据方宏申先生介绍：1969年7月，当时的建工部在河南省新乡专区修武县开办"五七干校"。1970年底干校结束后，将原建工部北京工业建筑设计院（建工部设计院）人员一分为四，一部分留在北京工业建筑设计院，其他人员分别分配到山西、湖南及河南。由于当时的设计院主要领导系原平原省省会新乡调入北京的，并与当时新乡主要领导是战友，新乡方面表示地方的工程设计力量薄弱，希望老战友能够为新乡专门配置一套高水平的设计班子，于是在前述四个去向之外，专门组建了一个专业齐全的工程设计班子留在新乡。1975年前后，原建工部设计院部分人员通过各种渠道陆续调回北京，其余大部分人员至今仍然留在山西、河南与湖南，他们都曾是当地工程设计的中坚力量。

这个北图工程。我记得曾经有一篇文章，我说我陪伴了它8年，从设计开始，一直到完工吧，差不多有8年的时间。

我刚回去的时候，还是杨芸主要在主持这个工作。我回去以后不久，正好是香港或深圳需要人，杨芸就到那边去工作了。他走了以后就由我来接手这个工程了。可以这么说，施工图基本上是在我手里完成的。记得当时这个工程进行中间正好有一个巴基斯坦的工程，一个体育馆工程，就临时把我调去了。我到巴基斯坦待了一段时间，大概有一年吧，做的是巴基斯坦的游泳馆的工程。这都是插曲了。当时去巴基斯坦的时候，我们北图工程的施工图基本上快完了，但是还没有完全做完。我们的建筑设计需要做一些构造详图，详图越完善，施工越方便，过程中的问题越少。我出国的时候这部分工作尚未全部完成，我曾跟其他人说，希望他们继续完成统一详图的工作。可是我回来以后呢，发现一张图纸都没多。最后还是我把它们做完的，一共是36张。所以基本上可以这么说吧，这个初步设计阶段我没有参加，但是施工图基本上都是在我手里完成的。所以我说陪伴北图工程8年。

二、图书馆建筑的特殊性

北京图书馆呢，是中国很老的一个图书馆，原来在文津街。这个图书馆里面有很多珍贵的善本。我做了这个图书馆之后，才发现这里面有很多问题要很好地解决，否则的话，人们要想查多年之前的书籍是很难的。因为书籍本身都是纸张啊，这些纸张保存不好的话，毁坏了，那就完了，所以这个建筑里面呢，一定要恒温恒湿。我没有做这个工程之前，不熟悉这些，但是做这个工程之后发现，这里面的问题很多。好比说，书库要求恒温恒湿，尤其善本这些珍贵书籍，就不能摆在很热的地方，有舒适性空调也不行，所以图书馆里面那些善本都是储藏在地下室里的，没有摆在地面以上的。类似问题很多，不详细谈了。就是说，做了这个工程之后才发现，这里面有很多问题，在别的工程里面是碰不到的。

我们做这个工程的时候，当然也要考察原来的图书保存方法，摆了那么几千年的书，人家怎么保管的。还有地下书库必须不能漏水，地下室最怕的是这个问题。我记得做这个工程我是很仔细的，到处去做访问，了解别人是怎么做的。我们这个工程很多是综合了之前工程的经验来做的，所以，我们这个地下室的防水做得比较好。除了一般的混凝土地下工程常规的防水构造做法之外，我还另外给它增加设计了一个排水系统。就是说，万一要有水进来的话，还可以从里面排走。反正就是一定要保证这个书库里面的安全。

我记得那个时候，还提出来一些事先没有提到的新的东西。比如说计算机。我记得我学习计算机的时候已经是七十几岁了。当时计算机还没有每个人一台，都是几个人共用一台，所以计算机在那个年代还是比较新的东西。在修建北京图书馆新馆的时候，我记得好像建委能够批准的大概只有一个亿吧，所以当时图书馆想要上计算机系统，还不是马上就敢决定，不是马上就能做，我记得好像还是隔了大概有两三年以后才决定。但是最后还是做了，因为在当时情况下，我们认为计算机是比较先进的东西，尤其像北京图书馆这么一个大的图书馆，不应该没有。我们在图书馆和馆长一起开会的时候，老谈的三个问题里面，计算机就是其中之一。

另外，当时还有一个新的东西，现在已经不算新了，就是整个建筑的消防安全的问题。消防这些问题，还是很重要的。我们做这个工程的时候，有人曾提出使用西安生产的消防产品。经了解，当年西安产品技术条件及可靠性远不能满足大规模公共建筑，特别是本工程的需求。我们同时了解到日本处理公共建筑火灾事故的经验较为丰富，对防火工程十分重视，防火设备、系统与设计较为先进。我们因此决定去日本考察。最后我们没有用日本的，为什么呢？因为这个东西虽然很好，设计得也很仔细，但系统线路设计很复杂，成本比较高。而欧洲的一个产品的系统线路就简单得多，性能及可靠性同样能满足北京图书馆的需求，所以那个产品成为我们最终的选择①。

因为欧洲那家公司在香港有一个分公司，为了配合他们搞消防工程的设

---

① 关于这一过程，还可参见黄克武与金志舜的口述。

计，我们还专门在香港住了50天。在香港待的那段时间我跟黄克武在一起，我们合作得非常好。黄克武这个人非常好，也很谦虚，讨论问题都比较好商量。我记得我们住的那个地方靠近地铁，我们每天一早起来就坐地铁到工业区上班。最后的结果看起来还是很不错的。这么多年了，北图的消防系统各个方面都还是比较好的，钱花得也不算多。如果要用日本的那个做法，钱就花得比较多。并不是说它不好，它是很好的，但是在我们的这个工程上，好像就是还可以节省一点。

三、愉快的合作

北图工程有多家参建单位，当时我们大家都有一个共同的目的，就是把工程做好，而不是说这是哪一家的工程，所以我们在解决工程上问题的时候，很容易达成协议。当时我们几家合作得很好，我觉得很好。北图当时那个（副）馆长①，我对他印象很好，认为他很开明的。为什么说他很开明？因为过去从甲方来讲，一般都喜欢用成功的经验，比较保险。但是我们在北图工程里做的有些工作，并不是过去成功的经验。举一个例子来说吧，我们在屋面结构工程中用了好多模壳。这个模壳当时中国内地还没有，英国有，香港理工大学有。当时情况之下，我们有个搞结构的工程师李培林（大概前年去世了，跟我的岁数差不多），他很有学问的，他研究了这个模壳。我们也一起到英国、香港去考察，最后采用了这种模壳。

刚开始的时候，施工单位并不很欢迎这种模壳，但是用了以后，特别欢迎。因为它是很方便的，效果也很好，一直到现在效果还是不错。每个模壳好像是一米五见方还是一米二见方我记不清楚了，当时的图纸上都有。而且当时北京图书馆的工程做完之后不久，石家庄的工程马上就用了这种模壳。要不好用他们也不会用啊。这种模壳施工很快，而且也很方便。

---

① 指李家荣。

但是在这个过程中，我们是花了很多的时间进行研究的。建筑的模板一般不是都是木头的吗？但是我们这个模壳是橡胶的。当时我们跟橡胶设计院一起研究，样子、大小，等等。还有就是研究橡胶的比例，究竟怎么样的比例更合适。经过了很多比较，经过了一段时间的研究，反正最后在这个工程上，我认为我们是成功的。后来很多单位都用上了这种模壳。在这个问题上，我对北图当时的馆长是非常地佩服。因为一般来讲，甲方不愿意这么用的。没有用过的东西，国外是有的，国内没用过，谁知道将来会有什么问题？可是他支持啊！他支持了，成功了。如果他不支持我们用，我们不还是用不成嘛，对不对？（在提示下，想起来）那个（副）馆长叫李家荣，岁数跟我差不多，我们在工地上经常碰上。

还有，北图工程的施工单位非常好。那个总指挥长乐志远，我们在一起碰面，都很好。大家有个共同观点，就是一定要把工程做好，没有说什么这是图书馆的，这是施工单位的，没有！每次开会的时候我都提醒，我都说，我来开这个会就是为了工程而来的，不是为了设计院，不是为了哪一家，就是说一定要把工程做好。

我觉得乐志远这个人非常好，对工程、设计，与人的相处，都很好。所以我觉得我的运气非常好，北京图书馆这个工程中，我所碰到的，跟我在一起工作的这些同志的关系，彼此都非常地融洽。而且，后来就是不在一起做工程了，我们仍然是朋友。像这样的单位还不是很多。在我做过的这么多工程里面，北图工程算是很好的，也可以说是最好的。各单位同志彼此之间没有闹矛盾，没有说什么你家的我家的。大家谈到工程，都是说这工程有什么问题，只是想着把这工程做好。

四、认真做人做事

我这个人的性格是这样的，干什么事情都比较认真，所以凡是经过我的手做的工程必须要是好样的。我家里面我的奖状很多，北图工程也获得了大奖。反正大家对我的印象都不错吧，因为我对工程很负责任，而且我不求回报，我待人都很好。

我认为，做一个建筑师是很不容易的，要掌握的东西比较多，知识面必须要广。拿我自己来说，平时我喜欢念念书，看看东西，有的时候看到一些资料，在当时来看不一定有用处。好比说，当时高层建筑不多，有了高层建筑之后，高层建筑不是要考虑到防火的问题吗？还有，在高层屋顶上要怎么建停飞机的地方，等等。这些问题过去都没有。但是我喜欢看这些东西，我看到这些资料就都留下了。后来在设计中的确也碰到了这些问题，这些资料就用上了。像这样，我手头的资料就很多，等到我离开工作岗位的时候，就都给大家分掉了。所以说，作为一个建筑师，不管当时能不能用上，多收集些资料总是有好处。

我调回北京的时候55岁都过了。那个时候没有想到，像我这样年龄的人还会调回到北京去，不可能。而且当时河南那边的人不同意我走。我回去很不容易啊，找了我们当时的局长，找了好几次，才同意我走。因为我做工程，可以说，没有一个有问题的，都是受表扬的多，而且我的工程做出来都是很漂亮的。我的院长对我的评价就是：不仅仅工程做得好，而且做得很漂亮！

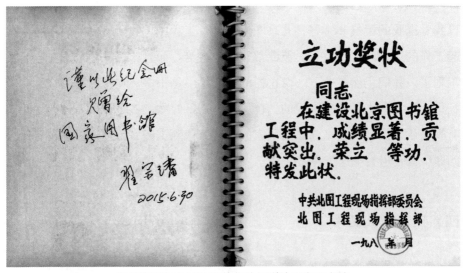

翟总将当年北图工程的奖状捐赠给国家图书馆

北图工程做完我已经63岁了。之后我主要做的事情就是培养干部了。现在设计院的这些头头脑脑，都是我的小朋友，跟我接触都比较多。

我们高级工程师一般都在60岁左右退休，我是66岁退休。但等我退休的时候，领导跟我的谈话是"一切都照旧"。所以，事实上我还在继续上班，做顾问总建筑师，一直到81岁。到了81岁还是我自己提出来的。我是提前两年和我的院长说，我说我最多再干两年，干到80岁就不能再干了，我都跟我的孙子辈一起在干工作了。那个时候呢，我的工程做得不多，但是跟大家接触得不少，而且我亲自过手的图纸不少。我还是照样地审定、审核，看看有些什么问题。当时具体要我自己画图的工作就少了，但是有问题的话，我还是得亲自解决。

我这一生喜欢看书，喜欢积累资料。现在看来，这些习惯都对我做工程有利。有时候遇到问题，到我这基本上都能解决。院里边有很多事情，好比说审图，过去没有审图所，都是自己出了图就出了。后来不是成立审图所了吗？一开始是我去当他们的顾问，帮他们建起来之后我才离开；还有，我们院里成立美术方面机构的时候也是我去的；还有标准所，成立中标公司，一开始也是我去的……有很多从无到有的事情，都是我去开创的，我把事情安排好了之后再离开。这都是因为我做事情比较负责任。

81岁退下来了以后，我狠下决心，不要跟工作藕断丝连，我就跟儿子一起到深圳去了。

采访手记　　"我做工程，可以说，没有一个有问题的，都是受表扬的多，而且我的工程做出来都是很漂亮的。我的院长对我的评价就是：不仅仅工程做得好，而且做得很漂亮！"永远也忘不了93岁的女建筑师翟宗璠在跟我们说这番话时的那个表情，那股神气劲儿！尽管几年前的一次意外，老人摔坏了左腿，现在不能走路，但是，这位93岁的老人那种发自内心的骄傲与自信深深地印刻在了我的心上。

我与翟总先后通过几次电话。第一次是我在北京，与老人电话沟通采访

采访建筑师翟宗璠女士

的时间。她声音洪亮饱满，欢迎我们随时过去，而且清楚地告诉我她家的位置，推荐附近的酒店，并且指点我们从火车站去往那里的路线……这一切，都令我备感惊讶。但是，当我们确定了出发日期，与老人再次联系的时候，她的声音似乎有些虚弱。她告诉我她最近身体情况不好，每天下午都有医生去家里治疗，所以我们最好上午去采访。

因为老人的腿摔坏之后，一直无法行走，而且随着年纪越来越大，生活上也越来越不方便，于是两年前翟宗璠夫妇迁去新乡与儿子共同生活。2017年6月16日一早，我们按照约定的时间到达翟总目前位于河南新乡的家。看得出来，我们的到来让老人很高兴，茶几上特意为我们准备了一大把香蕉。

翟总接手北图工程的时候已经55岁了。她说，当时没有想到自己在那个

中国记忆团队与翟宗璠夫妇合影

年龄还能调回北京去。但是她做的工程不仅好而且漂亮啊！她说自己前后陪伴了北图工程8年。与西北院的黄克武、施工单位的乐志远，以及北京图书馆的金志舜（小金），合作得都很好！大家都是想着怎么样

把这个工程做好，而不是哪家单位怎么样。她说自己对北图当时的领导印象很好，认为他们很开明！因为他们敢于尝试一些新的材料与施工办法。当然事实证明后来是成功了，但当时那是需要冒一定风险的，所以她很佩服那些馆长。

翟总今年93岁，老伴儿方促权先生94岁，二人相识已经70年有余。当年正值抗日战争时期，翟宗璠的姐夫与香港过来的方先生恰巧都在设在安徽的难民救济署工作。就这样，两个原本不会有交集的年轻人相识并走到了一起，相扶相依共同生活了几十年。

老人家爱读书、好学习，70多岁开始学电脑，81岁才正式退休，至今仍然担任中国建筑设计院女建筑师协会名誉会长。除了认真还是认真，这是很多人对翟总最深的印象。我想，可能每个人都喜欢做事努力、认真的人吧！从这位93岁的老人身上，我学习到的是做人与做事的一种尊严。

衷心祝福二位鲐背之年的老人平安健康！

做了一辈子总指挥长

受访人：乐志远
采访人：李东晔
时间：2017年7月5日
地点：乐志远先生家，北京
摄像：赵亮、谢忠军
其他在场人员：胡建平及乐总的夫人

乐志远，1936年出生。北京市第三建筑工程公司原总经理。北京图书馆新馆工程建设施工总指挥长。

一、援外归来

我1974年到1979年做援外项目，在叙利亚负责修建大马士革体育馆。怎么说呢，当时辛苦是辛苦，但是对我来讲也是一次锻炼。因为那个时候（桩基施工阶段）现场是两大班工作，我们专家组的成员人很少，所以我是上午正常上班，吃过中午饭午休，午休完了3点上班，干到晚上11点，天天都是这么一个半班还多一点。上午我必须去，联席会议有一些事情要布置，一定要参加，下午3点到11点也必须有人。当时，当地的阿拉伯语我能对付（之前并没有学过），不带翻译我也能在现场连比带划，有图纸我就能对付了，所以工作人员可以少一些。那时候钢结构施工我们派去了工程队，其他方面就是一个专家组，聘用当地的工人。钢结构是我们在北京加工好了运过去，由我们的工程队过去安装。钢结构工程队我们派了四十几个人，因为当地的技术水平当时还达不到这个精度要求，所以得我们自己过去安装。

后来发现，我小便的时候尿出肉来了，就在当地做了个切片。当时医院说不是癌症，当地不想让我回来。他们体育部长的意思是让我去黎巴嫩治疗，黎巴嫩当时还是比较繁华的，所谓的小巴黎嘛，说那里有美国医院，一切费用都由他们负责。后来我们经参处的人员跟那个部长说："他已经快3年没回家了，他也应该回去了。"在那之前，我是1976年地震的时候回来探亲过一次，然后因为地震回不去叙利亚了，一直等到过了国庆节再返回去的。之后就一直再没回国。后来，等到大使回国述职的时候，我老伴也找了大使说："大使，你要让他回来治病啊！"因为我临时要回来，那边工作组不能没有组长，所以当时又派了一个叫张寿岩的，是后来我们北京市建委的副主任，他去替我，我回来治病。

回来做完手术之后，我就去公司上班了。因为援外工程还没有完，公司党委陈书记就安排我在援外办公室工作，说："不行你就休息，能干多少干多少。"不要求我怎么样，就是让我养一段时间。那几年我主要就是养病、吃中药。我老伴给我熬药，一天两碗，我连续吃了4年。广安门中医院的中药吃了4年，吃好了！就在这个过程中间，有了北京图书馆这个项目，就让我接了。

二、筹备阶段的试验

那个时候完全是计划经济年代。当时的一个说法就是，这是周总理的遗愿，周总理生前就定下来的。那么后来国家定下来了，要盖北图，让北京市安排，北京市安排了三建公司，三建公司又决定让我来负责筹备。我组织了一个筹备组，在开工以前我们筹备了有半年多时间。

这个筹备准备阶段，对北图这个工程来讲也是很关键。北图工程的重大变更里面牵扯到的第一个问题，就是基础桩，也就是桩基。原来是直径400mm的灌注桩，大概有一万多棵灌注桩。这一万多棵灌注桩，按照当时北京市的施工机械能力讲，一天一台班能打几棵？总共有多少台机器？算下来，光打桩就需要半年多时间。而且这个灌注桩是摩擦桩，桩端的泥浆难以控制。如果完全是摩擦桩，楼的沉陷可能比较大。北图 13 个栋号[①]里面的 12 个栋号，有的是楼挨楼，有的是连接廊，就怕栋号之间差异沉降过大，出现台阶。比如 A 栋的书库是天然地基的，地下三层，G 栋中间那一块也是天然地基的，跟 A 栋是平的，其他的栋号全有桩基。这么一来，万一沉陷不一样，楼与楼之间的差异沉降大了以后就会出现台阶。所以我看完图纸以后，感觉这是个问题。

当时，两个设计院基本上采取的是栋号负责制。比如 A 栋以哪家为主，配一个班子，B 栋另外配一个班子，也可能两栋配的是一个班子。但是 13 个栋号，在基础设计阶段是一个栋号一个栋号的，采取专人制的，各负各的责，所以一座深基跟桩基之间的结合部，是没有剖面图的。A 栋地基有肥槽，地下三层挖十多米深，它的肥槽一挖，A 栋跟 B 栋是连着的，连着的这一块，不是在肥槽里头了嘛，打桩那是负摩擦不是正摩擦，现填的土哪有摩擦力啊？所以这个桩基不可取。因此我们提出建议，干脆改成大直径桩！当时的地质资料证明我们这里是一块台地，挖了这么深没有出水，对于做大直径桩人工挖孔的条件很有利。我们提出这个建议以后，当时建设部设计院的结构总工程师李培林，他的助手吴学敏，他们跟西北院的王觉一起商量，最后接受了我们这个建议。

围绕这个事，我们在现场做了桩基试验。当时有个很好的条件，我在二汽（第二汽车制造厂）的时候，跟建设部地基所王所长，我们两个关系特别好。那个时候我是二汽 102 指挥部一团的"革委会"副主任，负责生产技术。王所长去那里蹲点，当时我们一起做过一些干打垒墙体和壳体桩基试验什么的。最后我请他出面，帮助我们做那个大直径桩端承载和摩擦力的试验。他接受了我们这个任务。我们就在现场做了桩基端承载和摩擦力的试验。试验

---

① 栋号，是单体建筑物或构筑物的通称。一个栋号指建筑上具有独立使用功能的最终产品。

完以后，整份的资料提交给建设部设计院与西北设计院。所以整个地基基础设计等于推倒重来。我跟踪了将近3年，进行了天然地基跟桩基的各个楼的沉降观察。总体上来讲，所有沉降都在我们原来控制范围之内。可能到现在30年了，楼与楼之间，廊子也好，其他的什么也好，应该没有出现很大的差异沉降。这个跟当时整个基础设计的推翻重来有一定的关系。这是我们在做筹备阶段改的第一个问题。

第二个问题就是模壳，也就是密肋楼板。模壳是从英国引进的。拿来以后，我们去做化学分析，分析它的一些微量元素。但是当时北京市那个化学分析条件，微量元素做不了那么全。当时国家的外汇紧张，要从英国进口模壳，没有那么多外汇。要用流动性混凝土吧，当时国家的水泥也很紧张，混凝土不像现在这种泵送混凝土，都是干硬性混凝土，达不到施工要求，所以就只能自己做模壳。不然的话，北图工程那么多密肋楼板，模壳问题不解决，结构施工怎么办？为了做模壳，我们在五棵松的建工局研究所做了好长时间的试验。各种数据的测试都证明，我们自己做的模壳侧向刚度不够，所以又赶紧做变更，干脆采取钢塑结合的方式将模壳用角钢加固。这是我们准备阶段做的两个试验，从各方面来讲，做得还比较好。

三、尝试承包制

北图工程还有一个事，对我后来的工作是有重要影响的。在我的记忆里头，大概是1984年底，文化部部长朱穆之，国家计划委员会副主任王德瑛，北京市副市长张百发，这三个人在文化部，打电话找我，让我去见他们。说什么呢？要我做北图工程价格总承包。那个时候没有总承包这个说法。他们想破破例，让我来吃螃蟹，做总承包。我说，总承包你给多少钱啊？我得算算账啊！现在有招投标的，那个时候是预算加增减账，没有事先定价钱的。所以我没点头，但是答应回去算算。

这个设计概算是西北院做的。所以我带了人马，上西安去了，到西北院商量承包的造价问题。这一商量，我发现问题了。他们设计概算的科目设置，跟我施工预算的科目设置，还有计算规则的口径都不一致。计算口径都不一致，那造价怎么对？我那施工预算跟你这设计概算两个不匹配，对不上，造价没法弄！这怎么包？我们在西安待了有四五天，感觉到这个承包的事儿还不行。到后来，不是我"老王卖瓜，自卖自夸"，在我们技术干部里面，包括行政干部里头，他们都说我算账是算得比较细的人。为什么？就是因为当年要我在北图搞总承包。以前对经济，我也不是太关心的，但是这三个领导，朱穆之、王德瑛、张百发，要我包北图，那不算账我怎么敢包？赔了怎么办？

后来，北京市造价处一块算这个账，我才了解到一个消息，北图工程为什么定了个9800万的预算？因为当时一亿以内，国家计委可以定，超过一亿，要国务院开会定。所以当初北图为了赶快开工，就定了个9800万。所以说没有办法，当时就这个情况。但是9800万我们怎么也不能包，我们算了半天账，怎么包也包不起来！北图工程建筑面积14.2万平方米，包括两万平方米宿舍在内。

最后，虽然北图我们没包，但是算账这个事情，以北图承包作为起点，我就开始注意，开始重视了。所以，等到进入市场经济，开始招投标以后，我对承包价什么的，心里也比较有数，所以后来跟长江实业谈东方广场承包的时候，是我出面跟他们谈的。

四、施工组织设计

北图工程在施工过程中，我们编了一份当时在北京市全系统中得过奖的施工组织设计。因为北图有好多内庭院，哪个楼怎么盖，我们都是一个楼一个楼分析。哪个工期长的先干，哪个工期短的后干；施工机械怎么退出来，材料再怎么进去；一段一段怎么切、怎么干，我们分得比较细。你想，ABC三个栋号，B是在AC中间夹着，还有两个内庭院，北面是个G栋，南面是一个D栋。后来，C栋盖得比较早，B栋还没开工。C栋结构起来了，再开B栋。D栋呢，我做了个"后交跨"，塔吊能开进来开出去。现在的塔吊进步了，有40米、50米的，定点就可以覆盖住。那个时候不行，那个时候塔吊最多15米、20米。塔吊开起来要拐弯的。所以，我们编了一个比较好的施工组织设计，来指导整个工程。

那个时候国家领导人万里来视察，我陪他参观，一栋楼一栋楼参观。万里以为我是有意安排的路线，安排给他看好的。万里当时也六十多小七十岁了。他怕我糊弄他，净给他看好的。"你真的全完了吗？"他说，"你三年多不到四年，你全干完了吗？"我说："我不带路，我跟着你，你走哪我跟哪，你愿意看哪看哪。"最后证明是全完了，他也挺高兴，回来还给我题词。他弄个本给我题词——"三建公司是一个特别能战斗的单位"①。

他前前后后来工地视察，少说是三次，我印象中可能是四次。有几次我们挺害怕的，我们施工用的外用电梯啊，他愣上。说老实话，那个的安全性跟乘用电梯比差好多，是装货、拉材料的升降梯，他就生往上上。他非要上去，你不能不让他上去啊。那是结构施工的时候。

另外，北图施工过程中间，外装修还有两点特别突出的。第一点就是面砖。这个面砖说大不大、说小不小，比马赛克大，比一般面砖小。施工过程中间，是按照贴马赛克的方法，纸是后揭的。那么大一群楼，这些面砖全部是手工操作，要出现问题怎么办？于是我们专门做了样板，包括施工工艺程序怎么做，包括界面处理刷什么涂料。完了以后先做试验。当初那个时候一听说做"拉拔试验"还是很稀罕的。就是面砖贴了多少小时以后，用机器按多少公斤力来拉，看看拉下来拉不下来。这么多人操作一定要按照统一的规矩办，那才有保证。要不一个人操作一个样子，做完了以后，面砖都稀里哗

---

① 关于这句题词,整理者特意致电北京三建公司相关部门,经查询,未找到该题词簿及原文。但在三建公司现存的一份宣传画册中有如下记载:万里在1987年视察北图新馆工地时夸赞三建公司"是一支高质量、信得过的队伍"。

啦全掉了怎么办？所以我跟踪了几年以后发现，北京市有一段时间掉面砖问题成了大家都害怕的事了。北图也掉，但是北图掉的跟其他各种楼比起来，是比较少的。我们确实事先做了这方面的试验。那个界面处理剂什么的，是跟建筑材料研究院一起商量定的。人家给我们提供界面处理剂，我们做试验的时候，用各种处理剂做完了以后比较哪种最好。

第二点就是琉璃瓦。琉璃瓦是我们专门亲自上宜兴定的。这个琉璃瓦，当初来讲是仿照日本的筒瓦底瓦一体的那种，不是我们传统琉璃瓦的做法。我们先做了几个脊几个面做试验，看看怎么让它更牢固一些，刮风刮不下来。要不，一刮风刮下来怎么办？琉璃瓦我们做了好几个脊的各个方面。大面好处理，这个脊的处理上，怎么才能处理好？我们就做了样板。当时我们就是在北图院里西北角盖了一个职工宿舍，没有做装修，结构做完以后就搬过去办公去了。我们在前面的院里头，另外做起来样板，主要是做脊，装修里头主要是做这个。

我们后来接待参观人员不少，有些人对北图新馆办公楼的门很感兴趣。当时做的是磨退工艺①。好多外地的人，对我们这个磨退工艺摸不到门道，不知道是怎么回事，说这玩意跟塑料似的，你们怎么做的？实际上我们做的是磨退工艺。三十多年过去了，现在怎么样我也不知道了。我们以前没有外包队，全是自己工人，我们自己工人这套手艺还是保留的。按照现在的做法，没有专业工人了，当初都是专业的。

当时在结构施工阶段，我们三建公司以三工区为主；在装修的时候是一工区的、二工区的、四工区的一起"会战"。结构施工的时候是一层一层干，不是一整个空间来操作。我们做装修的时候分开干，一工区去E栋，几工区去D栋，几个工区来"会战"的，这样时间才能抢得过来。所以，北图工程总的说，我们自己的工人还是做得比较好的。由于北图工程做得比较好，得了鲁班奖，北图工程竣工了，我就从副总工程师升了三建公司的经理。我当

---

① 磨退工艺，指将油漆的面层进行水磨消光，再做打蜡处理。

总公司副总经理的时候，是去西客站蹲点，又当指挥长去了。我当总公司经理是1994年盖西客站的时候。西客站主楼还没干完，我就回总公司当总经理了。

五、北图工程琐记

北图这个项目，楼跟楼要么挨着，要么是廊子连起来的。我搞了那么多工程，北图是独一份。13个栋号，12个连着，除了N栋①不连着，别的全连着。进去以后，下雨不怕，通过廊子、楼道，全可以串通。这是其他项目没有的。

那个时候，外包队开始露头了，但是还不多，我们还都是自有职工。我有一个老习惯，离开现场以前我要转一圈。很有意思的是，有一个礼拜六的下午，下班以后，我在工地现场转的过程中间，看见有人开着一辆卡车，在锅炉房拉我们的钢支柱。我看见以后，就问："你是哪的？怎么这个时候来拉钢支柱？"结果，抓了一个小偷！他看我们那工地大，想着大礼拜六的，可能拉走也就拉走了，没想到正好我去看的时候看见了，我把我们警卫叫去给他押起来了。

北图工程的困难也没有什么。我印象最深的，也是我着急的一回，就是A栋地下室打混凝土的时候。因为是善本库，它那个混凝土墙不让用穿墙螺栓，所以混凝土墙模板的支撑点——那个斜支撑，打混凝土的时候，振动器一振，就浮起来了。因为有一个垂直力，一个水平力，那个斜支撑的垂直力没有约束，只要一振，就麻烦了，模板底下浮起来了。我一看着急了，这一浮起来防水怎么办？赶紧地叫人下去，从底下用钢筋焊上，模板上面用槽钢给压住，那是一边干着一边处理啊。后来我也感觉到这个问题是严重的，要出现事故怎么办？这个问题难是难在有模板浮起来这么一个概念，还不让穿

---

① 锅炉房。

过墙螺栓。

北图项目还出了一次安全事故，是在D栋。这个安全事故是在D栋东南角的一个厅，打混凝土的时候，支撑系统失稳，底下的支柱倒了。没有死人，但是有这么一个安全事故。通过那次D栋的支撑系统失稳的教训之后，我就比较重视这个问题了。包括干西客站的时候，打两米厚的混凝土顶板，底下是地铁预埋段。那个时候地铁预埋段已经留下了，但是楼板打两米厚，荷载就五吨了。我怕那个支撑系统失稳，所以打楼板之前，我要自己专门去检查。

所以，其实有好多事故都不是因为强度问题，而是稳定性的问题。后来我看到好多安全事故的出现，也都是因为架子失稳、工作台失稳等。所以有的时候，发生事故是一个坏事情，但是对于当事人讲，可能是一生受益。

我跟任何一个设计院的关系都挺好的，我这个人属于有事就跟他们商量的。像我们有事情的时候，比如做装修的时候，翟工、黄工去的次数就多一点，一个礼拜去两回。平时有急事的时候，我们给他去电话，没有变更我们不找他，有变更了我们再找他们。不过，我跟李培林，还有吴学敏，关系比较好。后来他们编了什么书，有些好事什么的，他们还会到总公司找我去。

跟建设单位来讲，这也是我这个人有时候不好的地方，干完了之后一般就没有什么往来了。干完之后，北图给我了一张借书证，我也没去借过。退休后干大剧院的时候，原来北图的一些同志像张永嘉、金志舜，他们两个也在大剧院，听说我也去大剧院，大家就感觉到挺好，因为我们合作过，我们合作气氛比较好。大家挺高兴。当年北图是李家荣副馆长始终在那盯着的，李副馆长是"八年抗战"，他是为了盖北图从建委调到文化部的，专门筹划北图工程，我跟他们的关系都不错。

应该说在我干的工程里头，北图也算是一个我自己感觉到比较满意的项目，因为自己有付出了嘛。

六、当总指挥长那些事

我29岁盖首都体育馆的时候就当了总指挥长，当到62岁，当了一辈子指挥长。干国家大剧院的时候我已经退休了。

当指挥长这个事，很不好说。怎么说呢？按照我们当时的惯例，有很多做法。我感觉到日本的有些做法是值得我们学习的。盖中日交流中心的时候我当总指挥长，人家各项工作全都安排好，程序都安排好的。每一天，当栋号负责人的，要巡视几次；指挥长要巡视几次；怎么巡视？看哪个部位？都安排好的。像东方广场，东西方向大概需要600米，我转一圈大概1500米，三里路，还得上啊下啊，那也得走，不走不行啊，所以身体不好、年纪大了，那就干不成了。可以肯定地说，当指挥长是很辛苦的。

我的记忆里头，1999年8月16日，是个星期一，领导找我谈话要我退休。1999年8月21日，东方广场办公楼中间那个地方冒了烟——没有着明火。其实那个时候我已经谈完话了，但是还在上班，我赶紧到现场。那时候强卫是北京市政法委书记，东方广场一冒烟，他也去了。8月22日星期天，我又去了，开会研究冒烟以后怎么防范、怎么处理，后续的工作安排，等等。正在开会分析的过程中间，北京市消防局的政委、总队长到现场来了，一看我正主持会议，分析研究这个冒烟的事情，他们气消了一半。我说这个事情的目的是什么呢？就是责任心是第一位的。

责任心这个事啊，我这辈子印象最深的就在叙利亚。那个时候我当专家组组长，但我们专家组管的事太多了，建设主管部门认为我们管那么多，对我多少有点不那么满意。后来曹克强大使找我说："你在国外管那么多，你管得了管不了？建设主管部门好像感觉你这个专家的手伸太长了。你可以管，政治上我给你把关，但是技术上你要负责到底。"

什么事我管了呢？抄平放线我管了。为什么？因为这个钢结构，它是用高强度螺栓固定的，它轴线尺寸的标准要求挺高，如果轴线结构尺寸不符合标准，高强度螺栓就安不上，差万分之二以上这个螺栓就可能安不上。而叙利亚那个抄平放线不像我们。我们国内华北结构厂用的钢尺跟我用的钢尺，我们是调校过的，在什么温度下，用几公斤的拉力，来测这个距离都是有标准的。我说："我现在如果说我不管，让他们放线，那等到钢结构安不上的时候，我怎么回国？虽然这个事难，但是我也得管。"那个时候我当组长，亲自负责在每层把整个的大轴线用经纬仪打到楼上去。最后由我们的同事根据这个十字轴线，再两头去分。我养成了这么一个责任心，我管就要管到底。所以这几年，监理公司的人每年春节还来看我，说像你那么大年岁，到现场你还看图纸，看得那么细……这是我几十年养成的习惯，心里要有数，事先对主要的一些数据、图纸，要有数。

我这个人原来脑子好着呢，现在老糊涂了，不行了。原来记数字的时候，人家很佩服的。我出国的时候都带着我那个算盘，人家不知道我那个算盘干吗用。我这个算盘算加减法，比计算机不慢，但乘法不行。虽然我这个珠算的乘法挺好的，但是毕竟人家计算器一按几个数就乘出来了。

总的来说，我觉得一个项目我自己感觉到我尽力了就算行了。中日交流中心的设计者黑川纪章，他在竣工会上说："我的设计，在中国看到了一个满意的结果。"黑川是个很挑剔的人，在日本，他的设计可能也是独树一帜的，就是在造型方面比较有个性一点。当时他说了那么一句话，那么作为我来讲，我指挥这个项目，能得到这个评价，我也感觉到挺满意，对吧？因为满意不满意是靠人家来说。人家嘴里说满意，那么我自己就感觉到我的辛苦是没有白费。

有些同志建议让我写书。我说我不写，我写书干吗？我当了一辈子指挥长，从29岁开始，干到62岁，我退休的时候62岁半嘛。最后我老伴跟我们书记提出来要这张图①，这原来是挂在我们总公司一层的休息台上的。这图里

---

① 见下页合影背景图。

面有的是我直接干的，包括恒基中心、新世界。恒基中心是我作为总经理抓的项目，我不是总指挥。

现在我小儿子也干我这个行当，我大儿子不干这个。

中国记忆团队与乐志远先生合影

采访手记 从一接手这项"30周年"口述史采访的任务，我就在资料中发现了工程总指挥长"乐志远"这个名字，于是开始四处打听，得到的回答却都是"不知道""找不到"。我很好奇，北京第三建筑公司这样大的一个单位的总经理，怎么可能无人知道下落？最后，我想到了一个人——当年建设新馆时负责基建工作的工程师金志舜，于是便求助于他。

2017年6月28日一早，接到金工打来电话，找到乐志远了。事实再一次证明，如果真想找到一个人，一定能找到。电话联系了乐总，他已经81岁了，就住在亚运村。我们约了第二周去他家里采访。7月3日再次电话联系乐总，约定采访时间为7月5日上午。

7月5日，我与同事赵亮、谢忠军以及基建处胡建平一起如约前往乐志远

北图工程总指挥长乐志远先生

先生家中采访。乐总的状态出乎我意料，显得特别年轻干练，完全不像一位81岁的老人，用一个"帅"字形容乐总一点儿都不过分。了解到他在接手北图任务时，是在做了膀胱癌手术，休息了三四年之后，就更加令人感到不可思议了。

乐总盖了一辈子房子，但自己的家却并不宽敞，我们只能勉强找位置架设机器。老人家说自己就是个总指挥长出身。自1966年29岁担任首都体育馆项目总指挥长开始，一直到62岁，期间由他担任总指挥长完成的项目有北京图书馆新馆、北京西客站主站房、中日友好青年文化交流中心及东方广场等多项重大工程。

几乎都不需要我提问，乐总将当年北图工程当中遇到过的技术上、材料上、人员调度的问题以及发生的事故等如数家珍般地娓娓道来。他首先跟我们介绍，当时接手这个任务之后，他们做了半年多的准备。在这个准备工作阶段，在施工方面主要做了桩基沉降试验与模壳的刚度测试等工作；在施工项目的预算承包管理上也做了一些探索。虽然后来北图工程并没有采用工程预算总承包的方式，但经过北图工程的探索，让他开始重视这个问题，而且在日后的工程当中发挥了作用。

由于北图是由13个单体建筑组成的一个建筑群，其中有12个是楼挨着楼，通过廊子连起来的，他说自己搞了那么多工程，北图这个样子的是"独一份"。因此，他们当时编制了一份详细的施工组织设计，这个设计后来还在业内获了奖。正因为做足了分析与组织，所以才确保北图工程保质保量地提前竣工。

采访过程中，最让我不可思议的是，他老人家做了那么多工程，又已经过去了那么多年，手里没有任何文稿，他是如何把这些细节记得那么清楚的呢？我想，这也许就是总指挥长的经验与素养吧。

　　乐总家客厅的墙上有一幅照片，乐总的老伴儿在一旁介绍说："他退休的时候我们什么都没有要，就只要求把这画给我们做个纪念！"那上面几乎全是乐总指挥完成的项目。

我画了整个东立面

受访人：沈三陵
采访人：李东晔
时间：2017年6月26日^①
地点：国家图书馆口述采访室，北京
摄像：赵亮、刘东亮
其他在场人员：胡建平

沈三陵，1942年出生，回族。清华大学建筑学院教授。1965年毕业于清华大学建筑系。先后在兵器工业部五院和建设部建筑设计院担任建筑师，1989年调入清华大学建筑系任教。北京图书馆新馆工程设计者之一。

一、北图工程的扩大初步设计

1965年，我从清华大学建筑系毕业，分配到兵器工业部五院工作。我属于运气比较好的，没去过干校，没搞过"四清"，一直在做设计。我1965年毕业，就去搞三线建设了，在工地做工地代表。当时跟崔愷他爸爸，我们一起在湖南搞三线建设，代号544。搞完以后，要留下一些年轻人做工地工作，我当时就留下了。在工地上，各个专业的图纸我都看，设备来了也要负责，工地上什么事都做，把我念的各个专业都了解了一遍，逐渐成为了设计院的骨干。我在1975—1977年主持了北京工业学院（现为北京科技大学）新图书馆工程的设计与施工。

1979年初，我调入建设部建筑设计院（简称"建设部院"）^②。这家设计院是我们学建筑的人最向往的单位，在全国应该是排在第一位的。而我喜欢的几座北京的著名建筑也都是建设部院几个老总设计的，如，戴念慈设计的

---

① 2021年11月根据沈三陵教授的反馈意见进行了修改与补充。
② 应该指国家建委建筑科学研究院。

中国美术馆、陈登鳌设计的北京火车站、林乐义设计的首都剧场等。

到建设部院的时候我才三十多岁，"文革"后的首批大学生尚未毕业，而我年富力强，又是刚刚调入心仪许久的设计院，所以特别努力、认真地工作，一心向往着能够参与大型民用工程项目。

我大概是在北图新馆工程扩大初步设计后期加入到这个项目工作中的。参与工作的人员除了我和另外几个建筑师是从外单位调来的，其余上百人都是建设部院从下放地方抽调回来的各专业骨干。大家很齐心，各专业的工程师们业务水平及素质都较高，设计进展很快。

记得当时北图项目是建设部院与西北院（陕西省第一建筑设计院）共同承担的。建设部院从事A、B、C、D四段的扩初、施工图及后期的工地配合。当时的建设部院内的民用设计所共有二个：一所负责国家图书馆项目设计，院总建筑师杨芸是该项目负责人；二所负责国际饭店项目设计，院副总建筑师蒋仲钧为该项目负责人。各所都配有相应的综合专业人员，由所主任、副主任安排。当时一所（即北图项目）的建筑组，建筑专业负责人是陈世民，成员有我、刘亚芬、李井泉等，还有后期调回院里的翟宗璠。我负责的C段是北图的主立面（即东立面），坐西面东，是当年设计的北图主入口。东临人流密集交通十分繁华的中关村南大街（当时叫"白颐路"）。

建筑扩大初步设计后期，在增加了多个剖面图后，发现平面设计中存在若干问题，于是修改平面图，并为后期施工图的深入找出多个需要放大比例设计的地方。一般工程到扩初阶段，主要解决总体的平、立、剖面问题，只需综合专业的主任工程师参与建筑专业的讨论与配合设计进展，除了结构专业需要配合些画图工作外，其他专业只需写个扩大初步设计说明。建筑专业的扩大初步设计的图纸比例通常为1:200或1:300，施工图图纸的比例则要更大，细部更多。

二、施工图阶段

北图工程扩初设计完成，在进入深入的施工图阶段设计之前，必须再确认一下整个项目中建筑专业的平面、立面、剖面及总图等项的设计图，随后结构、给排水、暖气、通风及强弱电等各专业进入项目，开始施工图设计。

当时项目组要求我按照1∶100的比例画出整个东立面，这张图不仅包括C段较细致的东立面，而且需包含书库A、B两段外立面的轮廓。我记得最后图纸完成的时候是用几张最大的绘图纸拼接起来的，贴满了办公室的一面墙。所有工种的负责人，建筑设计人员到齐后，请总建筑师戴念慈审定。当时他来来回回地走动着审阅图纸，仔细地推敲。后来干脆站在凳子上看了半天。最后谈了以下几条意见：第一，东立面体量大而长，屋檐必须有层次，但不能用同一种方法去处理，那样会显得呆板。那些水平挑檐大多有排水需要，个别挑檐因为层高太高，在立面上显出大块的空白，需要增加一些无功能的局部挑檐去丰富那些空白处。第二，多条水平挑檐不能沿立面走到头，那种手法处理单调，易造成视觉疲劳。要求在第四层与第五层两边对称挑出的亭台檐口处增加垂脊，将多条水平屋檐的横向走势收敛住。这样不仅丰富了东立面，并且使立面有更多的看头。

随着整体上各立面问题的解决，建筑专业设计逐步开始深入处理室内外的细部与节点的作法，并同时配合各专业深入以后的综合问题。在施工图设计过程中，有两个细节设计问题给我印象较深。

一个是屋顶的瓦。在20世纪80年代之前，中式官样建筑屋顶的瓦，都是由筒瓦与底瓦在水平方向相扣，在垂直方向上根据不同的坡度再一一叠加而成的。在做北图工程的时候，我们想做一个老一点的样子的瓦，就是底瓦跟筒瓦连着的瓦。当时国内虽没有这产品，但在日本已多用连体瓦了。项目组开始找了一个人做，那个人说不行，他不会做，太难了。后来杨芸跟陈世民商量，想让我开发一下这产品。我也不知深浅，就说："好吧，你们给我一些照片，给我一个月的时间，我试试。"杨芸在20世纪70年代中期去日本考察时拍了一些屋顶檐口的照片，从中可以很清楚地看到连体瓦样式，他还拿回来一个老式筒瓦和底瓦的样本。

我就在房间里来回看着琢磨，拿着照片与老式筒瓦、底瓦对比，对照总平面图勾勒出屋顶平面图，分析需解决的几个问题，用了一个月时间，画了一堆图，画了屋顶阳角阴角的平面详图。深入分析后，设计出一系列瓦的样式：标准的连体瓦、非标准的带瓦当的檐口连体瓦、阳角脊瓦、阴角的排水沟瓦、屋顶盖瓦和屋脊端部的脊瓦等。尽量规范化、模式化之后，我把这一系列图纸拿到江苏省宜兴市丁山镇陶瓷厂试产（整个工程的墙体面砖也在这家厂生产的），我要求厂方做了1∶1的阳角土坯模型，还有2.5米左右见方带上阴角局部拐弯。记得负责的是一位有经验的张师傅。等模型完成后我去丁山镇验收，效果很好，就正式投产了。北图工程采用之后，在全国做了正式推广，可以说我们北图工程开创了国内生产、使用这种连体瓦的先河。

另一个是善本库入口。读者从北图东门入口进入大厅，首先面对的就是图书馆的善本阅览室的入口。陈世民转达杨芸的意见，提出这个门要做成金属玻璃门，类似民族宫和中国美术馆的那种。这个建议很重要，尤其是在北图项目中。因为善本阅览室与大厅的地面有约1.5米的高度差，读者从外面走进来时只能看见善本阅览室大门的上端，有种不完整的感觉。为了弥补这种视觉上的落差，就要将玻璃门的总高加大，并将玻璃上重点图案的位置适当提高。

玻璃门的设计原则定后，负责设计B段的刘亚芬就到文津街北图老馆，查阅了很多古老图案，最后确定采用古代的夔龙图案，配上其他图案，画了较大比例的大门样式。竣工之后我曾去看过，设计目的达到了，效果很好。这大门的设计虽不是我经手的，但在整个设计过程中，我们都参与了讨论的。

施工图绘制结束后，进入施工阶段。随着大面积施工的进行，图纸上经常会出现各种问题。院里后来任用了具有丰富设计经验，且德高望重的翟宗璠老建筑师来配合复杂的工地工作，并提升为建筑部院总建筑师。翟总在北图项目上配合了多年，解决了许多烦琐复杂的问题。对于一个建筑工程而言，完成图纸仅仅是完成了一半的工作量。大量复杂的综合问题、修改设计洽商以及补充设计图纸等工作量是巨大的，翟总以其丰富的工作经验与认真负责的工作作风，最终使北图工程得以圆满竣工。

三、回望与感想

做北图工程的时候，在很多方面我们都缺少经验。例如，当时陈世民对我说："小沈，你能不能把那个大厅里的钟画了？"说实在的，我当时都不知道钟是怎么构成的。那时候见过的高级手表都很少，我记得自己当时戴的好像才是一块苏联表。我就去了王府井。那里有个进口钟店，我就趴在柜台那看了半天，还没敢让人拿出来看。那时候也没有相机，就整个人趴在柜台上使劲地看。然后回家画了一下，有几个层次，磨光的或不磨光的，后来真做出来了，但是仔细看看确实有点粗糙。

总的看起来，我觉得北图新馆屋顶的坡度稍微小了点。就是老远看起来，感觉太平了。这坡度不是我管的。如果再陡一点、高一点，里头的空间就有些浪费，所以也不好办。另外，正门的设计上也简陋了一些。当时没人给我们提更多的设计要求，就是自己在那画。现在看起来，总觉得好像还欠那么一点。

我们设计北京图书馆是在20世纪的70年代中期到80年代初，情况与1959年国庆工程无法相提并论。国庆工程前期，中国处在全国经济上升的繁荣时期，项目设计的总建筑师大多是名校毕业、经过出国深造、有著名建筑事务所工作经历的经验丰富的建筑师。当时的建筑材料也是在全国优中选优。

北图工程虽是"文革"后期、改革开放之初的作品，但此前的中国已经历诸多运动与磨难。对传统建筑的批判与抵制，使人们的文化思想受到了束缚。除了功能需求之外，对建筑外立面上的装饰与美学上的点缀一律被列入"封资修"。对建筑文化的追求已是一片空白。北图新馆建筑立面的中式方案是从全国众多方案中选定的，但是屋顶上的细部如屋脊端部的正吻、斜脊上的走兽等，无人敢提及。我设计屋顶瓦的细部时，曾对正吻节点作过方案推敲，征求意见后得到的回复是："尽量简化。"这就是那个时代人们对建筑的普遍认识。

当时的中国刚刚开始改革开放，建筑师工资很低，国外杂志见的也很少，出国考察更无可能。现在看来，北图的室内外设计留下些遗憾应是正常的。随着改革开放与中国经济的发展，技术人员公派，自费出国考察已司空见惯。我以前并不喜欢传统的东西。经过了这么长时间，看过了一些东西，我现在觉得传统的也不错。我从1986年就与外国建筑师合作设计项目，1988年出国工作一年。调到清华大学工作后，1997年公派考察意大利建筑和西欧多国现代建筑数月，随后多年又做了多次建筑专项考察自由行。这些经历增加了我对建筑设计的感悟：各个历史时代应该有自己不同的定位，各个国家应有自己国家的历史传承。随着时代科技进步，建筑文化的多样性、地域性仍是应永久追寻的方向。

采访手记　2017年6月26日下午，经国家图书馆基建处胡建平的沟通与联系，我们在国家图书馆口述采访室对当年曾经参加北京图书馆新馆设计工作的沈三陵教授进行了采访。

沈教授参加北京图书馆新馆项目的时候，已经到了初步设计定稿或者是初步设计结束，正在推敲准备施工图的阶段。她当时负责的一项工作是C栋（现典籍博物馆）的东立面的设计工作。她清楚地记得，当时请戴念慈戴总来看自己画的那张很大的立面图，一张白卡纸都没有画下，还拼了一块。因为那个东立面很长，戴总特意提出在建筑两端突出的部分增加两道垂脊，正好将有些过于向两侧延展的立面有效地收敛住了。她言语中透

沈三陵教授

露着对戴总的佩服与尊敬。沈教授说："跟他（戴念慈）接触之后就发现他的水平极高！"

沈教授不无骄傲地告诉我们，在设计屋顶的时候，因为过去的瓦都是一个底瓦和一个筒瓦套起来用的，但在做北图工程的时候想要做一个连体的瓦，就是要求底瓦和筒瓦连着。后来，她凭借着杨芸从日本考察回来拍的照片，琢磨了大概一个月，画了一堆图，终于给做出来了。

谈到当时的设计环境与条件，沈教授有些遗憾地说，对她而言，因为那时候没有人给她提出什么太高的要求，对于建筑的外部、内部都是如此，完成就好了，所以现在回过头去看，感觉当时很多细部的处理上还是有些粗糙和简单了。她说，如果当时有人给她一些更高的要求，结果应该能更好一些。

说到建筑的风格，沈教授说自己原来并不喜欢"传统的"风格，但是现在感觉传统的东西也挺好的。问及原因，她说，就跟穿衣打扮一样，总是一个样儿，看久了也就烦了，还是要多元化。

沈三陵教授说自己对杨廷宝先生印象很深，一见面就能够感觉到这个老头儿特别有精神，底气特别足，出手特别老道。

中国记忆团队采访沈三陵教授

　　沈教授很喜欢旅行，去过世界上很多国家参观考察，曾经一个人在意大利旅行了两个月，有过很多有惊无险的奇遇。最有意思的是，采访的最后，我介绍那天负责拍摄的同事刘东亮本应该放假在家过节的，因为他是回民，那天正好是穆斯林的开斋节。没想到，沈三陵教授说自己也是回民，真是太巧了！

北图工程的室内设计

受访人：饶良修
采访人：李东晔
时间：2017年6月30日 [①]
地点：国家图书馆口述采访室，北京
摄像：赵亮、刘东亮
其他在场人员：胡建平

　　饶良修，1938年生。1963年毕业于中央工艺美术学院室内设计系（现清华大学美术学院环境艺术系）。中国建筑设计研究院有限公司顾问总建筑师。原建设部建筑设计院室内设计研究所所长。北京图书馆新馆工程室内装修工种负责人，设计了当时图书馆建筑内外的所有灯具。

一、建筑与室内设计

　　我不是建筑大师，因为我是做室内设计的。室内设计是对建筑设计的细化和延伸，是建筑设计中不可分割的部分。

　　我是新中国培养的第一代室内设计师，见证并参与了中国改革开放以来，作为独立专业的室内设计从无到有，从小到大，从蹒跚学步到成长壮大、比肩世界同行的全过程。因为我从事室内设计行业比较早，所以我在这个行业里面，也算是在顶峰了吧。

　　现在国外也一样，一般在建筑事务所里头，也是没有室内设计这个专业的，只是如果遇到一些特殊的需要，就聘请一些人来做室内这方面的工作。20世纪80年代之前，国内的建筑设计院或建筑设计事务所都没有设置一个独

---

　　① 2021年11月根据饶良修先生的反馈意见进行了修改与补充。

立的室内设计专业。当时我们国家尚不富裕，工程建设主要是解决"有"和"无"的问题，建设指导方针是"实用、经济，在可能的条件下注意美观"。对于一些高档的民用建筑工程和援外工程，大型设计院会设置装修组来应对需求。因为这些大型工程要求比较高，要装修，所以我们有一拨人，就是原来有一点儿实用美术基础的建筑师，绘画能力比较强的这些建筑师，我们组织一个装修组，来应对一些特殊的工程。比如说国家领导人的住宅和办公场所；比如说援外的，我们当时援建蒙古国的政府大厦，那所有的东西都是我们室内来帮助他做；比如说国家领导人的专机"子爵号"里面的设备、座位，我们都把它拆了，方便领导办公；大家看到的毛主席那张坐在飞机上的照片，那飞机内部都是改造过的，那些也是我们做的。在负责北图项目室内设计时，我属于建筑设计专业中的装修组。

建筑设计是一个整体，室内设计包括在建筑设计中。建筑设计涉及很多专业，如建筑、结构、给水、排水、中水、通风、采暖、动力、电力(强电、弱电)、景观、室内等。这其中建筑专业是龙头，其他专业都是围绕建筑专业展开，提供技术支持，建筑师的作用就好比一个乐团的指挥。

二、北图工程

北图这个工程比较特殊，因为它是"文化大革命"后期，咱们国家第一个比较重要的民用建筑工程，受到国家高度重视。当时在方案阶段调集了当时建筑界的权威专家，如杨廷宝、吴良镛等老先生，集思广益，拿出了具有民族风格、深受大众喜爱的现化文化建筑方案。然后在那个方案基础上经过几轮的调整，最后实施。

我们原来院里是两千多人，"文革"中基本都下放到湖南、河南、山西等地方。1972年，尼克松访华，国家很重视。当时因为钓鱼台国宾馆有点旧了，说最好能搞个新的，那么就找全国几个重点的设计院做方案。我们在河南的那个设计组是林乐义负责，他就把我抽到那个设计组，结果我们的方案中标了。李先念同志审查，说这地方上的水平为什么那么高？后来有人告诉他，这是我们建设部设计院下放到那儿去的。再后来，李先念说："咱们中央不能没有设计院。"所以，根据这个指示，就恢复了建设部设计院，先抽调300个人回来，我就属于那300人里面的。

1975年北图做方案的时候，作为一个年轻设计师，我在设计组里，只是做一些辅助性的工作，为大师们打打下手。比如推敲设计方案，画一些重要厅堂的效果图，做建筑模型。北图那个模型就是我和另外一个同事做的。调整了两次，一共做了三个模型。我们院重新成立了模型组。原来有模型组，但后来都下放了，老师傅也都下去了。等我们做第二个方案的时候，他们模型组成立了。所以到第三个模型的时候，我们就只是指导，不自己做了。

我们这个装修组一共四个人，有我、黄德龄、陈增弼、刘淀淀。我负责照明灯具设计，黄德龄负责大堂装饰设计，陈增弼负责家具设计（后来曾坚先生也参加进来），刘淀淀负责贵宾厅室内装修。

我们也要出图纸。另外，在整个工程中，我们的工作有的走在前面，有的走在中间，有的走在后头。比如设计跟建筑要同步。建筑师做了外檐，我们就要考虑照明的事、灯具的事。用什么形式、用什么灯，我们就告诉建筑组。建筑师如果可以接受，我们把灯具图做好，建筑师就把这个做到图纸中去。过去不像现在，现在谁做方案，谁就当设总，那个时候不行的。为什么？因为有人会画方案，但可能不会协调，专业知识没有那么丰富，所以当设总的人一定是主任工程师这样的人。当时杨芸是我们的主任工程师。可能有一些细节他不一定做，像分了房间之后的一些细部处理，柱子、栏板这些细部。但是他是一个总控，将来建筑会是一个什么效果，这个他心里头要有数。所以我们做的每个细节都得跟他汇报，他接受了、确认了，我们才可以联系工厂，才可以落实。

其中还有一部分是西北院做的。我们把大的风格定了，他们跟着我们的风格走。为什么风格一致呢？就是因为我们定下来了一个总的原则，材料是统一的。第一步，我们先有个表，叫做室内材料配制表，就是每个房间，墙用什么材料，地用什么材料，顶用什么材料，都有规定的。其他的就要根据这个规定来，因为我们要把钱用在刀刃上。比如说用大理石，我们不可能都用花岗石，那么，大理石要用到关键的地方，其他地方档次就降低一点。特别北图这个工程是定额设计，就好像做一套衣服，就给300块钱，只能在这个里面去选，就是这个意思。

后期建筑工种的负责人就是翟总。那时候杨芸和陈世民都调走了。他们调走以后，开始是李锦全负责，是我们院的设计师，然后才是翟总。当时，严格讲，到了我们这个层次，包括建筑，大师们已经把方案、风格什么的都定了，我们就是去实现，地怎么做、墙怎么做、顶怎么做，就这些东西了。

三、灯具设计

灯具现在我们在市场采购就行了，但当时市场采购的灯具就那么几种，款式单一、样式难看，跟我们这种大型建筑不相配。所以那时北京市建筑设计院和我们建设部院，大多都是自己设计与建筑个性相匹配的灯具。

大型民用建筑中的不同场所、不同部位，需要不同形式、不同功能的灯具，因此一个工程的灯具品种很多，但每种灯具的使用数量有限。可是每种灯具生产都要开模具，这些成本摊销在工程上，是一个巨大的数目。那么有没有少开模具，而又能适应多种需要、多种形式的灯具呢？

我想到了欧洲建筑界曾流行的"组合灯具"与"灯具组合"。组合灯具是用标准部件组成不同形式的灯具，我们看到的水晶吊灯就是一种典型的组合灯具。而灯具组合是利用标准的灯具个体，经过排列组合而产生的一种艺术照明灯具。

当时接手这个项目的时候，我就考虑，又要不同部位给人感觉不一样，又不要开那么多套模具，所以我的概念就是说，做组合灯具。我做一个母体，像北图的大厅，我用网架式的结构把灯具组织起来，形成一片，给人感觉是一个整体；入口那里，外檐上，是一个个的盒子，盒子里装的灯具好像鸡蛋似的，一个个吊下来。这些灯具的母体都是一个圆球和一个把儿。还有北图的好多壁灯，现在没有了。原来壁灯也是这样，一个、两个圆球由一个杆连着的。还有吊灯，有很多，都是这种组合。这样的话我开一套模具，就能变化出很多形式的灯。

当时壁灯、吊灯、组合的装饰灯，要做的有很多了。我出了一套图纸。当时我们这个图跟现在建筑师画的图不一样。现在建筑师画灯，只是画一个外形。我们那时先是画一个灯具的组装图，里面什么都包括，然后我剖下去。比如说灯泡拿出来给一个编号，将来再做这个灯泡的玻璃罩子的图，就可以直接拿去加工。然后里头的这个杆，它由好多零件组成，里头有灯头、有卡子、有走线的端子，每一个零件都要画一张图。在这个图上，甚至连需要加工的精度，还有机械的要求，是一花级、两花级或者三花级，我们都要标注上。因为那时候工厂能力挺差的，没有设计师，特别是他们不知道我们建筑的需要。所以那时候，灯具设计是我们工作的一个重要部分。不光是北图，当时所有的重点工程，都有这个问题。

这种"组合灯具"与"灯具组合"在我之后承接的工程中也多次使用，均获得不错的效果。

北京图书馆的组合灯具之一

四、收获与遗憾

我对北图工程最满意的地方就是，整个行业停滞了那么长时间，严格讲，这是我们职业生涯重新开始的一个起点，而且是一个高起点。这个工程把全国的建筑大师们都集中起来，对我们年轻一辈是一个千载难逢的学习机会。所以，当时跟他们确实学了不少。就我个人而言，比如思考问题的方式，过去我们考虑美学的东西、细节的东西比较多，而大师们从整体出发，从大处入手，这让我受益良多，给后来的工作带来很多的帮助。

北图工程我没能做完，做到第三个年头，我就被调到北京国际饭店工程组去了，担任室内设计负责人。1983年，我被正式任命为建设部建筑设计院室内设计研究所所长。北图这边就交给了我的爱人刘淀淀来接手。她接手的时候我们前面的工作已经做完了，比如我的灯具设计也结束了，陈增弼的家具设计也结束了，就剩贵宾室有一些装修的收口，她只是根据我们那些建筑设计意见来具体落实。

北图工程的遗憾当然也挺多的。因为当时接触的新材料还比较少，特别是装饰装修材料工业刚刚起步，中高档产品奇缺。比如当时北图大部分的吊顶，我考虑到要吸音，决定选用矿棉吸音板。那时候咱们国内还没有大量地生产矿棉吸音板，品种单一，质量不稳定，为保证工程质量，我选用了荷兰进口的阿姆斯特朗品牌的矿棉装饰吸音板。尽管北图工程我们是先做了工程概算，再做工程预算，但是还是没有算到工程变量及意外损耗，结果订的量不够，因为进口的东西再订货挺麻烦的，不得已只好用国产的产品代替，结果二者在色泽和平整度上的区别用肉眼就能分辨出来。类似这样的事情，我感觉是一种遗憾吧。

在当时的条件下，我们做的也算我们国家的最高水平了。用现在的眼光来看的话，因为工艺各方面都大不一样了，那肯定有很多不足了。另外，随着时代的进步，当时的设计观念和现在有很大的不同，比如，现在强调人性化设计，无障碍设计是公共建筑设计的强制性规范。像卫生间设计，北图当时选用的是蹲便器。蹲便器对于老、幼、病、残、孕等人士来说，如厕不太方便。但当初受到设计观念的限制，首先考虑的是北方大众的使用习惯。第二个也是受到经费的限制，因为一个蹲坑跟一个马桶的价格相差将近三倍，尤其好一点品牌的马桶更贵。另外还有交叉感染这些问题，当时卫生条件也达不到。我建议，北图如有改造计划，第一件事就是卫生间用座便器代替蹲便器，也可保留少量蹲便器。还有，比如像台阶，一上就上到二楼，我现在走起来都困难。如果我再老一点，或者残疾人上来就更困难了。当时我们没有考虑到这些问题，但对公共建筑来讲，现在都是不允许那样设计的。但是我们当时没这些概念，经验也不足。那时候有了就不错了，没考虑这么细，也没有那么好的设施。

美观是一个相对的概念，而且从专业角度来讲，我们强调的是建筑的个性。比如图书馆，它就是图书馆，不是旅馆，不是酒店，也不是写字楼，所以它的内在功能决定它的形式。就是说，做到恰到好处就够了，不要把钱花在没必要的地方。可能现在眼界开了，到国外看了人家的图书馆，再回过头来看我们的，就感觉到我们有些还做得过了一点儿。那是当时决策的问题。因为时代不同，我们的领悟和看问题的角度都不太一样，所以我们做工程，一个一个的，是有所改变的。一个时期和一个时期也是不同的，所以不好比较。但是以当时的条件，这个项目基本上算最高水平的体现了，不管是施工材料还是其他什么的，在那个时候来讲，就是不错了，有很多材料用得比现在的还要好。

我感觉在我的职业生涯里这是很难得的一个机会，能和那么多大师一块儿工作，能够亲自聆听他们的教诲。真的，这在平常是不可能的。

采访手记 2017年6月28日，我打电话给基建处胡建平，拜托他帮忙联系当年负责北图新馆室内设计工作的饶良修先生，后约定饶先生于6月30日下午来国家图书馆接受采访。

采访室内设计大师饶良修先生

作为一个室内设计专业的毕业生与曾经的室内设计师，我原以为见到这位赫赫有名的室内设计前辈的时候会有些热血沸腾。然而，想象中的情形却并没有出现。可能是我告别室内设计行业的时间已经太久，或许因为并没有留下过太多的遗憾，但更主要的，我觉得还是因为饶先生的谦虚、淡然与平和。

6月30日下午，饶良修先生在胡建平的陪同下来到我们中国记忆口述采访室。已经79岁的饶良修先生非常谦虚。在我采访开始，介绍他是建筑大师的时候，他说自己是搞室内的，室内只是建筑的一部分。一个建筑师要独立承担过多少万平米以上的建筑项目，才能够有资格评教授级高工，然后在教授级高工里边再根据成绩是否卓著来评定建筑大师。他认为自己只是因为在室内设计行业里面从事得比较早，在这个行业里面算是在顶峰，但作为建筑大师还是不够的……

有意思的是，说到北图工程方案设计阶段的工作，当时整个建设部设计院两千多设计人员都被下放到各地，饶先生也被下放到河南新乡，后来因为1972年尼克松访华，需要整修钓鱼台国宾馆，正好他所在设计组的方案入选，就这样他算是比较早调回北京。因此后来在北图工程做方案的阶段，他也就参与了部分工作。最后方案的模型就是他和另外一个同事一起做的。

当年在做北京图书馆新馆工程的时候，室内设计这部分工作还没有独立出来，而是属于建筑里面的装修组。回忆往事，饶先生也非常谦虚，说自己当时只是一个年轻的设计师，就是执行方案，跟着既定的设计方案完成任务而已。北图工程没有做完，饶良修先生就被调去当时北京国际饭店工程担任设总了。北图后面的工作是由其夫人刘淀淀接着做完的。

　　饶先生说北图工程是他们职业生涯的一个新的开始，而且是一个高起点的开始，因为这个工程把全国的建筑大师们都集中起来，对当时他们那些年轻一辈来说是一个很好的学习机会。他自己也确实学到了不少东西，让他日后在工作中受益很多。对我而言，接手这个"30周年"口述史项目，更是受益多多，聆听每一位前辈的故事都是一次难忘的经历。

源远流长

受访人：李化吉
采访人：李东晔
时间：2017年6月28日
地点：李化吉先生家，北京
摄像：赵亮、刘东亮

李化吉，1931年生。满族。中央美术学院教授。1949年毕业于北京华北大学美术系，1956年毕业于中央美术学院油画研究生班。北京图书馆新馆文津厅紫砂陶板壁画的创作者。

一、任务

这个任务是1979年下来的。国家图书馆当时叫北图，说有一个任务，要做大厅的壁画。开始接触的大概就是北图的一个工程师，姓金，金工，跟他接触，经常联系，叫金什么我记不太清楚了①。还有杨芸，他当时跟我接触最多，因为他搞整体设计，后来他到香港去了。当时我们接到这个任务挺高兴，因为当时有三件壁画②，一个是我的《五千年文化》，还有一个是侯一民的壁毯《丝路情》，再有一个张颂南的《未来在我们心中》。我做的这个当然是最主要的，在主建筑里面。当时是不是自己选的我不记得了。可能因为我当时是壁画系主任吧，做过一些壁画，同时还是美协的壁画艺委会的副主任，可能对壁画接触得多一些，所以就把这个任务交给我了。

我对这个任务是挺感兴趣的。壁画中间是放善本书的那个屋子，主要是前边有两个柱子，这个挺难办。当时觉得挺难办，但是没办法，要把这壁画

---

① 金志舜。
② 指当时的北京图书馆新馆工程里面的三处壁画：《未来在我们心中》《五千年文化》《丝路情》。

往前推也不好，所以挡住就挡住吧，好在是两个颜色。后来看还可以。但是两边过厅的光线太强，有时候看不太清楚。但是总体上我觉得，在我做的壁画里边，这个作品是跟建筑结合得最好的。其他的往往就一张画，而这一个跟整个的建筑，包括使用的单位，都结合得很好，是在一个大厅里边跟建筑综合起来的一件作品，而且在形式上有中国自己的那种气魄。

壁画内容是馆里边定的。当时杨芸是总设计，最初的要求是他开会提的。第一稿我这儿没有记录，第二稿我还有一个简单的记录，有北图一个丁馆长（丁志刚）、一个郭馆长（郭林军），还有一个善本部的副主任徐自强，我跟他们几个人谈的。当时他们提的要求，形式跟内容都有。这幅壁画最开始的设想就是用紫砂。那么多个局部，也就是内容，还是杨芸跟那些领导提出来的，就是说这不光是一个装饰画，还得要跟图书馆、跟中国的文化能够结合起来。整个思路确定之后，当然很多具体事是由我来考虑的。

文津厅的紫砂陶板壁画《五千年文化》

这个壁画，为什么用紫砂呢？原来我们想做陶瓷的，但紫砂在建筑里边气氛不一样。如果做陶瓷的话，色彩比较多，还发光，紫砂不发光，很沉稳，所以后来选了紫砂。我觉得还是非常好，因为紫砂是中国才有的材料。这是在宜兴做的，是真正的紫砂。现在简直不得了，现在工厂不会给做了，因为太贵了。现在紫砂，光泥就三十几万块钱一吨。那时候也挺贵的。后来那个壁画中间有一块毁掉了，我找了我一个学生，他做紫砂，他那个泥还差不多，补上了。

二、源远流长

因为主题是五千年文化，国图现在好像还这么叫，但我觉得它太直白了，所以我叫它"源远流长"①。这个画我想得比较多。因为我原来也喜欢历史，所以后来就想了从盘古开始，中间是一个盘古，两侧一个伏羲、一个仓颉，正好利用很对称的两个形象来做。中间盘古的形象我觉得不太理想，前几年我又改了一下，改了一下还不是太满意。因为盘古手里拿个斧子，不太好处理。两边花的功夫比较大，因为中间就是远古嘛，比较抽象一点。比如说一侧的伏羲画卦那个卦，咱们现在一般看到的都是宋以后的太极图和八卦。我用的呢，是参考那时候考古发现的一些八卦的摆法来处理的，还不是很俗的那种，不是一般的太极图、八卦。我那时候还是做了一点考证。这两侧的图，当时跟馆里边一起研究的。一方面要结合文化，一方面要结合图书馆。那几部分内容跟图书、诗歌、军事、宗教，还有哲学、印刷，都有一些关系，每侧大概有几件吧。主要的是那个馆长——老子，历史上一直就说他是中国最早的图书馆馆长。

路子基本上是从开始就定下来的，但是稿子呢，做了几次、改了几次。我手里还有一些当时的小的设计，大的我一直没找到。我不太注意保存稿子，存得不多。北图的稿子从一开始定的构思跟主题，一直到最后完成，改动也

---

① 关于这幅壁画更加详细的内容，参见：李化吉，权正环.极目创一流：北图新馆壁画介绍之三 文津厅壁雕《灿烂的中国古代文明》构图说明[J].图书馆学通讯，1988（2）：20-21.

不大。另外它的位置也改动不大。比如一个画面里边，除了龙凤以外，每侧大概分成几块，我现在记不太清楚了，大概六块还是几块。这个分法在当时壁画的处理里面还不多，但是没办法，又不是一个内容。后来想想就把它分成几个"蒙太奇"，分成几个"镜头"。完成以后，现在看起来，觉得有点遗憾的就是壁画前边这柱子，如果没有柱子的话，那个整体感还是挺好的。

原来就有这么两根柱子怎么办？开始考虑，两根柱子到底是做成人物还是其他。后来我说，既然是图书馆，两个柱子上一个做"图"字，一个做"书"字还是挺好。本来两边的过道还要处理，后来没处理，现在是两个白墙。当时也还有很多原因吧，经济问题，时间问题。原来设计师想在两边过道做一点东西，但是后来没有想出合适的办法来，因为这个是挺难的。到现在我也还觉得这是个遗憾。如果那两边有点内容的话，可能效果更好。正面我觉得还可以，因为中间虽然横楣小了一点，但从内容安排上，我觉得还过得去。

形象的表现方面，我们比较主动。形象都是自己做的，基本上按照汉画像的路子。人物最难办的是清代，怎么弄也不可能跟原来那些传统的形象统一起来。华君武同志当时是美协的头儿，他们审稿时候都参加。他对内容没什么意见，主要是不喜欢清朝的人物形象。但没办法，既然内容是《四库全书》，不让当时的文人戴那个帽子（瓜皮帽）也不像，是吧？比如说屈原，屈原不用陈老莲的那个造型，别人也不会很承认。比如说孙武演阵，那是军队的造型，后来选的形象领导也还都同意了。这些形象好像都比较通俗，大家都能够接受。他大概有点反感清朝的造型，我说《四库全书》不用清朝的人物形象也不好，因为北图的这部《四库全书》还是挺重要的，是镇馆之宝。

三、独一无二的作品

我们两个人①，大家都说是以我为主了。我们一直没什么矛盾，一直合作。

---

① 指他自己与夫人权正环。

权正环是徐悲鸿的学生，她写实能力比较强，我是在装饰处理上的想法比较多，这样的话等于具体做的时候她做的工作比较多一点。

我这笔记是1982年的，当时看稿审查，大的方向基本定下来，风格是肯定的，就是增加内容和处理方法，这都是具体事。5月4号看第二稿，5月30号看第三稿，第三稿基本上都是技术处理，就定下来了。

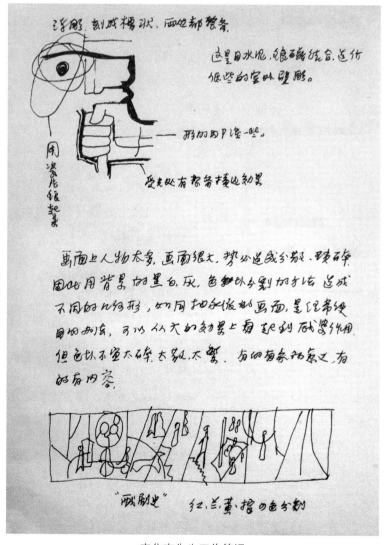

李化吉先生工作笔记

1987年3月开始到6月，我们都在宜兴烧陶。我跟权正环两个人在宜兴，里面有些工序都是我们自己动手做的。当时是在宜兴美陶厂，厂长是权正环的学生，所以都很方便。那工厂也做装饰，但是这么大的工程没有做过，是头一次做，以前做的都是小的装饰。泥坯比较麻烦，做完以后要收缩。当时都是手工烧，不像现在用电烧，所以收缩得还不统一。就是每块之间缝子挺大，现在用电烧的话就可以小了，当时缝很大。缝还不能是歪歪扭扭的，要很直的。所以当时工厂里还费了一点事，反反复复地试烧，次品很多，一倍都不止。一块一块地烧，因为烧的时候砖坯比完成的要大，它要缩嘛，所以要计算得特别好。图案是按照我们的设计，整个用高丽纸按照砖的大小分成格，没烧之前，一张一张地附在砖坯上，勾上图案，然后在砖坯上面再刻。工人刻，我们也刻，特别是有造型的，我们最后还要修一下。烧完就不能再改动了。

我做过的壁画，紫砂的只有这一件，我还比较满意。在烧制的过程中遇到的问题都是在制作中间的技术问题。大的问题主要就一个，现在大家看到砖的缝子都很宽，为什么？就是因为每块砖大小不一样，最后为了保证让那个缝是直的，所以缝就大一些。

我最早做的盘古造型的头小，因为当时资料不太多，但我一直感觉头小。后来正好那块坏了，重新做的时候，我就稍微加大了一点。因为最初1987年做的时候，山东出土的盘古造型还没出来，到重做的时候出来了，我也就利用山东出土的造型又改了一下，是我一个学生帮着我弄的。

虽然做得比较早，但是我对这个壁画还比较满意，因为觉得它跟建筑结合得比较好，与整个大厅还有建筑的功能结合得比较好。它是图书馆，不是一般的酒店或纪念堂。说到跟领导，还有跟建筑师的配合，我也觉得是比较满意的。那时候没有碰到什么问题，主要的遗憾就是前面有柱子挡着。当初发表的时候也都看不完整。我现在还在想，摄影有没有办法能够把它接起来？我到现在也没有看见过这个壁画完整的样子，我就有一张拓片，一张美展的时候国图馆里帮着我拓的一张，现场看一直都是只能看一半。

国家图书馆南区有三幅壁画，分别是位于紫竹厅的《未来在我们手中》，文津厅的《五千年文化》以及贵宾厅里的壁毯《丝路情》。三幅壁画都是当年建设北京图书馆新馆时期委托中央美术学院创作设计的。2017年6月27日上午，基建处胡建平打电话给我，说李化吉先生近日可以接受采访——李先生与夫人权正环当年一起创作设计了北京图书馆新馆文津厅的紫砂陶板壁画《五千年文化》。于是我连忙与李化吉先生联系，约了次日（周三）下午前去采访。

李化吉先生现年86岁了，但是我发现这次"30周年"项目采访到的老人们都格外地不显老，李先生也是如此，完全看不出已经80多岁了。他非常精神，说话慢条斯理，性情也很温和。

李化吉先生回忆，大概在1980年，应该是北京图书馆找到中央美术学院，那时候他是壁画系主任，用他自己的话说，"（我）做过一些壁画……所以就把这个任务交给我了"。整体而言，他觉得这个作品是他做的壁画里跟建筑结合最好的，而且具有民族的、"中国自己的那种气魄"。

老人家是一个很用心的人，每次创作都有非常详细的工作日记。翻开当年的日记，1982年5月4日，第二次看稿。他写道："这次就基本上定稿了。"

中国记忆团队与李化吉先生合影

这个作品后来是在宜兴美术陶瓷厂烧制完成的。当时的厂长是李先生夫人权正环教授的学生，给陶板烧制工作提供了不少便利，但过程依然很麻烦。砖坯要一块一块地刻好，然后烧。因为成品与泥胎之间的变化很大，所以还是费了不少功夫。他与夫人一起在宜兴工作了3个月。

中国记忆团队采访李化吉先生

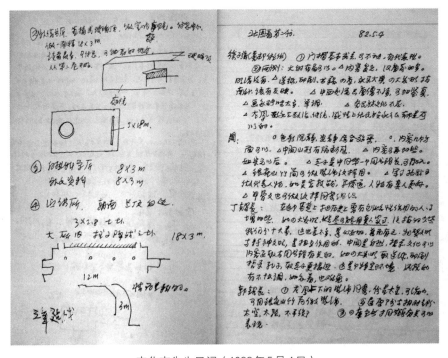

李化吉先生日记（1982年5月4日）

　　因为这个作品是李先生与夫人合作完成的，所以采访的最后，我请教了一下他们当时的合作情况。李先生说，权先生是徐悲鸿的学生，写实能力很强，而他自己则在装饰处理上更加擅长。但总体上，还是以他为主。之前就听说，李先生与权先生感情非常好，虽然权先生已经去世多年，但我们从家里的陈设依然看得出，她永远活在李先生的身边。

沟通与合作

受访人：金志舜
采访人：李东晔
*时间：2017年7月11日*①
地点：金志舜先生家，北京
摄像：胡楷婧、刘东亮，实习生杨浦新
其他在场人员：金志舜夫人张宝荣

金志舜，1945年生。原国家大剧院工程业主委员会舞台设备部部长（副局级），高级工程师，享受国务院政府特殊津贴。1965年毕业于南京建筑工程学校（现南京工业大学）。1975年至1990年在北京图书馆工作，历任北京图书馆新馆规划设计科副科长、科长，筹建办公室副主任等职，1988年担任北京图书馆机电处处长。1990年调入文化部负责国家大剧院筹建工作。

一、调入北图

我是1965年从南京毕业分配到文化部系统，当时分到中国电影科学技术研究所，也是文化部一个直属单位。1968年的时候按照毛主席的"五七"指示，就是所有的干部都要下干校锻炼。电影研究所的同志们也就跟着文化部一起到湖北咸宁的干校。我当时因为在电影研究所挖了一个防空洞，没有挖完，最后走的时候就把我留下了。后来我又到了文化部留守处。直到1975年，去干校的人陆续都回到北京来了。回到北京以后，大家都重新分配工作，有一部分人分到北京市，有一部分人回到电影研究所。开始要让我去给文化小组放电影，我没去。后来又有个感光研究所，因为比较远，孩子太小，我也没去。再后来又让我去故宫，因为也是孩子小，故宫很远，没去。最后说国家图书馆——那

---

① 2021年11月根据金志舜先生的反馈意见进行了修改补充。

时候叫北京图书馆——要建新馆，问我去不去，就在北海公园，过两年就搬去紫竹院那边，因此，我就调入了北京图书馆参加筹建新馆的工作。

我毕业那时候学校叫南京建筑工程学校，现在是南京工业大学。我本身的专业是学建筑工程的。1975年4月的北京图书馆新馆工程方案设计的第一次会议我没参加。那个会刚开完没多久，建筑师们回去做方案，大概过了一两个月我就到北图工作了，我是六七月份过去的。

刚去的时候，我并没有管规划设计，开始先做的是拆迁这一块。我也参加设计会议，但我主要是跟着一块跑拆迁。最初周总理定的时候是说，原址（文津街）房子不能解决长远问题，就保留不动，在城外找个地方解决，"一劳永逸"——周总理是这么批的。选址选在城外，现在我们国图这个地方。当时有个政策是尽量不要征用农田。那里当时有几家单位。主要是园林局绿化处的绿化一大队，占了一块很大的地方。第二块就是第一皮鞋厂，做百花皮鞋的那个第一皮鞋厂。这样就不牵扯农田，不算现在的二期工程那个地方，一期工程的7公顷地不牵扯农田。

园林局所有的地方，腾出来以后是由他们自己原来的用地去解决，不用再征别的地了。也就是园林局搬走，我们只是赔偿他那些办公用房、工作用房等。这块面积大概有五点几公顷。第一皮鞋厂当时选址选在魏公村，也不太远，我们要给它建大概一万多平方米的厂房。但是皮鞋厂选用的魏公村那块地有一个二次拆迁的问题。另外，那块地有点农田，那时候，占用农田还有个安排"农转非"的工作。我1975年来的时候主要是做这块工作，跑规划局、跑手续。因为皮鞋厂牵涉到二次拆迁，还要给他们把厂房建起来，把设备购置好，要能形成生产能力之后皮鞋厂才能搬家。

二、"五老方案"始末

等到1976年做初步设计的时候，我就转到规划设计这一块了。当初方案这方面的会议我也都是参加了的，只有第一次会我没参加。后来我编这本资料集①的时候，去了解过那114个方案，也找过这方面的资料。最后了解到的情况是，114个方案只是工作中间汇报、交流的一些想法、一些草图，并没有留下什么具体资料。

当时一共是5个设计院、5个大学，一共10个设计单位。设计院有建筑科学研究院、北京市建筑设计院、陕西省第一建筑设计院（西北设计院）、上海民用建筑设计院、广东省建筑设计院。5个大学就是清华大学、同济大学、哈尔滨建筑工程学院、天津大学，还有南京工学院。这10个单位，基本上一家出一到两个方案，或者两到三个方案。当时出来28个方案，具体是哪个单位做的都在那本资料里②，我就不再说了。在28个方案之后，杨廷宝先生在会议上自己又拿出一个方案。我当时就在现场。在资料集里面，我特意收入了杨廷宝当时在会议上提出来的第29个方案，一个平面图，两个立面图。后来的方案，包括"五老方案"，基本上就是以这个方案为基础去优化的。

资料里面那29个方案的缩略图是杨芸手下一个叫陈世民的建筑师画的。他当时在会议上自己画的速写、缩略图，哪个单位做了什么样的方案。他画完以后，我就先留了一份。但是因为不能制版，所以后来我又拿绘图笔全部重新给它描了一遍。这张图我大概用了一周还是10天时间，才描成这样，才能制版。

这里边我可以再说一下。第一是10个单位参加设计；第二是方案分成两大类型：低层阅览建筑和高层阅览建筑，其中低层阅览建筑又分两种类型，一种叫对称式布局，一种叫不对称布局。这是在讨论中间把29个方案进行的归类。这29个方案讨论完，接下去就是将它们归纳成9个方案。

---

①② 李家荣,朱南,李以娣,等.北京图书馆新馆建设资料选编［G］.北京:书目文献出版社,1992.

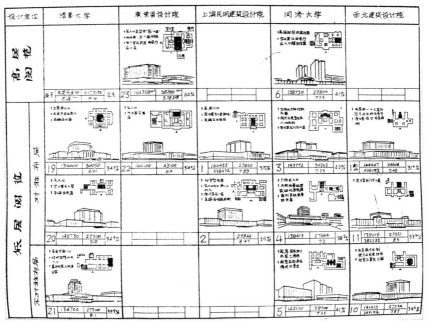

29个方案缩略图-1

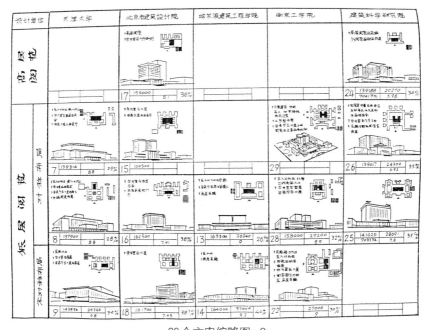

29个方案缩略图-2

当时国家领导人万里、国家建委副主任宋养初抓这个方案设计工作，我们去看他们的批示、指示，是要求建一个中国的国家级图书馆。作为文化建筑，北京图书馆"一定要有传统民族形式"。当时还提出环境要好，因为图书馆要安静，还特别说了，老百姓看完书以后要休息，要有个绿色的环境来缓解眼睛的疲劳等。在选址过程中都考虑了这样的因素。

杨廷宝的方案民族形式更浓一点，其他方案的民族形式少了一点。过去做民族形式，有些建筑往往加一套檐口就算民族建筑形式了，后来再戴个"帽子"。实际上最后我们的方案又改良了，包括杨芸他们做初步设计的时候，最后用的也不是明清的建筑形式，而是用的中国最简单的一种坡顶——汉阙。汉阙就是原来用在汉朝门楼上面的那种顶，坡度不像后来那样，虽然也是大屋顶，但是坡度比较小，是19度的坡顶，比较简化，结构什么的也都好做。

在接下来的9个方案里边，除了分别由一个设计院和一所大学组成一个设计小组，共组五个，按照五种类型去优化之前的方案以外，单独成立了一个"五人小组"，专门优化杨廷宝的方案。因为当时还是在摸索的过程中，国家级图书馆到底做成什么样的建筑？当时并没有一定看好的方案，只是将它做一种建筑形式的探索。当时并没有确定就用29号方案去完全深化，不是这样，也不是这个理念，而是在成立"五人小组"的同时，还在对不同的方案进行优化。在29个方案的时候不是有高层阅览建筑、低层阅览建筑吗？低层阅览建筑又有对称、不对称吗？到了9个方案时就不是这样了。

我记得9个方案是这样的。第二次方案设计工作会议提出了6种类型9个设计方案，分别是2个不对称方案、2个对称且书库居后方案、1个对称且书库居前方案、1个对称且书库居中方案、1个高层阅览方案、2个传统形式较多方案。第一个方案叫不对称方案，南边是阅览区，北面是书库区。这种探索是因为当时认为3000个阅览座位应该基本满足一个国家级图书馆的要求了。因为国外图书馆阅览座位也没有超过3000的，有1500、2000、2500的。当时建议一期工程（现国家图书馆总馆南区）是满足2000万的藏书指标，书库是6万平方米。为什么后来又加了3公顷地呢？就是因为周总理说的要一劳永逸。增加的那块地是农田，征地肯定不容易，因为周总理这么说了，才把这3公顷地征下来，不再让别人用。当时如果不把这3公顷地征下来，那块地可能就不是现在的二期工程（现国家图书馆总馆北区）了。那么这种方案的优点是什么呢？当时设想的就是，今后再建书库的时候书库可以连在一起，阅览区归阅览区，书库归书库。

后来，国家建委指定了三个小组，继续对传统形式较多方案（即"五老方案"）、对称且书库居中方案、对称且书库居后方案这三个方案进行优化。三个方案完成后上报国务院，国务院批示以第一方案（传统形式较多的方案）为基础，吸取二、三方案的优点加以修改。经由建设部设计院和西北院修改后，上报国务院，最终批准传统形式较多的方案（即以"五老方案"为基础的综合方案）为实施方案。

三、图书馆建筑规范

刚才讲的方案设计只是建筑形式。实际上，就图书馆建筑而言，各个图书馆都有自己的需求和特点。当时做北京图书馆新馆项目的时候，我们是把每一个库里的书，都拿出来称过的。比如说外文期刊，又厚又大，铜版纸的，跟我们中文书两回事。我们的中文书很轻，平方米荷载400公斤就可以了，最多500公斤，可是外文书平方米荷载就要600公斤。这些我们当时都是分门别类称过的。

我们现在评价一个图书馆，统计一共有多少万册图书就完了。但是我们当时建北京图书馆新馆的时候，分别统计了中文书有多少，外文书有多少，外文期刊有多少，报纸有多少，善本书有多少，复本有多少。但实际上，各个图书馆的藏书量和分配是不一样的。当时北京图书馆新馆为什么做成这样？是根据当时的经济条件和其他因素确定的。包括我们的照明，白天更多地是靠自然采光来的，不是靠人工照明的；在夏季的时候，一般情况是不开空调的，靠自然通风。

从建筑来讲，从环保来讲，从人的舒适度等方面，我刚才讲的只是几个方案的类型，实际上实实在在的东西都是在后面的，这些方案是由隐藏在后面的理念引导做出来的。在当时，这些理念对于老建筑师也好，对于新建筑师也好，都是新的课题。包括后来开架到底怎么开，以及设备这一块也都是新课题。计算机还要更靠后一些。当时书条传送到底怎么做，扫条码外借、自动还书、音像资料等怎么做，那时候根本没有先例。

还有最重要的一条——消防设备。图书馆的消防设备要求非常严格，当时国内大多没有——自动报警没有，自动喷洒没有，气体灭火没有。后来也是通过技术交流，最后引进的是香港一家公司做的消防设备。为了配合他们设计，我在香港待了40天，跟厂家一块做。因为他们对建筑不太了解，要什么类型的探头，什么地方安装探头合适，什么地方放报警器合适……他们都不清楚。我在那待了40天跟他们一起做。北京现场等着我拿着设计图纸回去施工。就是说，在新技术这一块，现在看来都是很常规的东西，但在当时建北京图书馆新馆的时候，我们是国内的独一份。所有东西都需要我们自己去摸索、去了解。

1975年我们有个设计任务书，到1979年的时候又改了一次设计任务书。1975年的设计任务书不是我负责的，1979年的设计任务书是我负责的。这里面有些问题。举个例子，当时按照两千万册藏书的规划，每种书6套目录，算下来以后目录厅得9000平方米。我接手这个事以后，发现这里面有个问题：第一，连续出版物不需要那么多目录，我就把连续出版物拿出来；第二，有复本率的问题，中文书有复本，外文书基本上没有什么复本。连续出版物，期刊和报纸，占了很大一部分，不用一期做一套目录，一年做一套就了不起了，通常一张卡片就可以管五年；另外，复本的目录要剔除，不能说2000万册藏书都按照6套目录去算。这一下，目录厅就从9000平方米改到了2600平方米。我原来对图书馆的情况都不怎么了解，很多东西都是跟一位姓闫的老同志学的。

四、修建6号楼

我记忆中因为北图新馆项目推迟了，那么北图就跟文物局申请，说阅览室空间不够，申请在老馆先盖一个楼。这个楼就是6号楼（现临琼楼），是为解决急需，应该是1982年的6月竣工的。6号楼这个项目是单独立项的，并不是专门为了用来做开架试验，而是因为项目暂缓了，为了解决老馆阅览座位严重不足的问题，所以单独申请了4000平方米，建了6号楼。

当时因为新馆的雏形已经有了，就是现在的H段和F段，都是一个π字型平面，开口朝着紫竹院。6号楼的平面设计也是π字型平面，但我们没有把6号楼的开口对着北海公园，而是把正立面对着北海了。建6号楼的时候主要考虑了几点：第一，做一个π字型平面；第二，要做开架；第三地面用什么材料？最后，地板我用了四种材料：软木地板、塑胶地板、PVC塑料地板和宽幅的化纤地毯。一共四个阅览室，做了四种地板。在材料上是有试验的想法的，但用的完全是国内当时现有的材料，就是有意识地做一点尝试，但不是完全为了尝试。

6号楼不是临时建筑，而是正式的永久性建筑。它要解决阅览座位的问题，这是第一。第二是在6号楼做开架阅览试验，因为老馆这一块开架很少。6号楼的荷载标准都是按照新馆的要求，开架阅览这一块，每平方米荷载400公斤。

五、扩大初步设计

北图新馆的方案确定后，初步设计是现场设计，就在我们文津街老馆东侧原来的平房里边做的。当时戴总（戴念慈）每个礼拜来看图。最开始设计的时候，D段去目录厅的楼梯陈世民做的是一个弧形楼梯，好看嘛！戴念慈来了看完图，就说："做什么弧形楼梯呢？就直接上去。"戴总一句话，陈世民他们只好改了。

原来的设想里目录厅在D段集中设置。因为从传统来讲，读者进来以后，要先在目录厅查完目录，再到阅览室或出纳台去。我接手后把目录厅改到2600平方米的时候（后来并没有做到这个面积），杨芸和陈世民的意见，就是把D段那一块作为目录厅，为了保证紫竹厅的完整性，目录厅最好分散开来做，但是戴总不太同意，戴总还是希望盖一个集中的目录厅。所以，杨芸和陈世民就来找我。我那时候还年轻，他们都是很大名气的人。他俩来找我："金工金工，这个事你得作为业主出面了，看看能不能分散布置？"我想了半天，该怎么来说服戴总呢？后来，我想了个主意，我就跟戴总说，我们现在是1000多万册藏书，到2000年的时候我们要有2000万册藏书，我们的卡片目录是从少到多的一个过程，现在做2600平方米的集中的目录厅的话，就会有一半地方空闲着，这是第一；第二，从美国图书馆的经验来讲，卡片目录虽然不能取消，但是可以减少，今后都是计算机检索。等到计算机检索的时候，这些目录厅都放在一起也是空着。如果我们现在做成三个目录厅，就是D段右手一层及对面是目录厅，对面的上面也是目录厅，D段右手二层是第一综合阅览室，D段北边是出纳台。我说，这个方案能够满足业主的要求，现在没有那么多目录的时候，闲置的目录厅可以先用作阅览室。随着时间推移，等到目录越来越多的时候，可以把这些阅览室改回为目录厅。等到最后计算机检索了，目录少了，还能够把目录厅恢复成阅览室。我这样说完，戴总就同意了。所以，包括杨芸和陈世民在内，大家有时候说，老金你还挺有办法的！后来建国家大剧院的时候，跟建筑师安德鲁他们打交道，我要说服这些人也都挺有办法的。因为你得找到充分的理由，才能说服他们。做北图工程的时候，每一个星期，建筑师们做的设计都要跟戴总来商量，包括工艺流线啊，还有各种布局与安排。

我印象中后来没有再去请杨廷宝，到现场初步设计的时候，其他人就没有再参与，就这两个设计院——西北院和建设部设计院了。现场初步设计没有太多的人参加。两个院我忘了具体是多少人，也就二三十人吧。在现场设计时，我们带他们先参观各个业务部门，参观完了以后，想了解什么东西，就到现场再看看。我们是这么做出来的图书馆设计，特别符合业主的需求。

做完初步设计以后，就开始做施工图了。1980年初步设计做完但还没有批下来的时候，两个设计单位先做好了分工，北图新馆工程共有13个子项，建设部设计院做ABCD 4个子项，所以他们就开始做施工图了。西北院说，初步设计没批我不能做。到6月份西北院才开始进行EFG等其他9个子项的设计。两家设计院不是同步的。

开始做施工图的时候，我记得建设部设计院好像已经是翟工接手了。做施工图的时候他们是回各自设计院做的，不是在现场做的。

初步设计以后，设计人员有时候还要去看看这些功能性的房间。那个时候还提设计要面向实际等几个面向，设计师还要亲自体会。所以他们一边做设计，我也要领着他们到采编部、阅览部，各个部门去走一走，听听意见。包括设计图纸出来以后，再向我们图书馆的工作人员征求意见。这些工作都要做的。在做初步设计的时候这些工作也是做过的，包括考察了解书库、典藏等部门，因为不是所有做设计的人都了解我们图书馆的工作流程的。在这点上，当时北京图书馆做得比谁都好。

设计单位之前没有做过这么大的图书馆。比如说，一个采编人员需要的工作面积，是5平方米还是8平方米，10平方米还是20平方米；这么多人要安排多少房间。那么开始做方案的时候，是我们提的任务书，设计单位按照我们的任务书做。等到做初步设计的时候设计人员就到现场了，我都带着他们一个部门一个部门转，了解采编人员的书怎么进来，工作流程是怎么样的，等等。

那个时候我就是带着设计人员去了解图书馆的这些事情。比如说图书编目的流程，首先要编目录、要查卡片，要看看桌子上摆多少东西，一个小书车上摆多少书，书车多大……编完以后，编好的书和没编的书不能摆在一起，要分开。包括出纳、借书、到书库里去取书等。这些都叫设计人员了解一下、体验一下。

六、施工

  1983年5月底，北图新馆原址上的13个单位和57户职工全部迁出现场。8月工程就开工了，最早开工的是锅炉房。除了图书馆的新技术以外，在施工中间也有新技术，比如说打桩基。第一，北图新馆那块地的南边现在不是南长河吗？但是原来河道不在那里。原来的河道大概在书库的三分之一西南角的位置，地质勘探表明古河道跟现在的河道不在一个位置。

  第二，我们过去做基础，都是打那种直径40厘米的桩基。这种桩基就是预制混凝土桩，噔噔在那敲。那么我们后来采取的是个新技术，叫大口径桩，就是直径80厘米到1米的大口径的桩。这样的话，有几个作用：（1）我们的书库比较深，地下水位比较高，先把这个大口径桩打下去以后，可以当挡土墙。大口径桩打下去以后，抵挡旁边土的侧压，既不需要放坡，也不需要做另外的维护，就是省投资，对施工也好。（2）如果这一根柱子底下打原来那种桩的话就要做一个撑台，这么大的撑台下面要打8棵桩、10棵桩、12棵桩。现在的大口径桩，一根柱子底下打一棵桩就行了。（3）原来那种桩，比如要打到30米，那就10米一根、10米一根往下接着夯。但是大口径桩，在国外有大口径的钻机一次成型，我们国内就是土法上。施工时像《地道战》里一样的，挖一口直径80厘米到1米的井，挖一米做一个倒锥形的护套，这个护套就是护壁。做完护壁以后，再挖一米做个护壁，就一套一套接下去的。这个过程中土怎么取呢？挖完土以后，也就像《地道战》里的那样，用摇井的那种辘轳车，把土装在桶里拿绳子一桶一桶地运上来，就是这么施工的。就这样一直挖到我们设计的深度。根据事先测量的承载能力，那么这个大口径桩下去以后，要考虑它自身的承受能力和摩擦力。因为大口径桩不是光靠像柱子那样顶着，它的侧面还有摩擦力，也可以承受一部分力。这个数据需要现场试验，不同的基础、不同的土质，得到的数据是不一样的。挖完以后还要养护，灌了混凝土以后必须要养护到28天以后，再去做荷载试验。荷载试验也不是压一下就完事，也需要一段时间，压3天、8天、一个月，荷载它的沉降量怎么样，能承受多少压力。这两个试验都要做。没有做试验以前，只是设计，但是不能施工，必须验证数据对不对。另外，做试验时还不能只打一棵桩，一棵桩的数据不一定准确，起码要打三棵以上。（4）不同的地方要打不同的桩。搞结构的人都要看地质报告，还要勘探，然后选两个不同地质条件的点，等等。这些都需要做试验，要花时间的。这都是施工前的准备工作。

再比如说，我们后来在书库里面做了模壳。这是从英国引进来的。这种塑料模壳可以重复使用，不像模板拆了以后就不好了，不能重复用。北图新馆有那么多层呢。而且塑料模壳那时候也是刚开始有，用在结构上特别省材料，经济很多。这样的东西也要做试验。包括它的模具开模，也要试验能反复使用多少次。如果一个模具只使用一次、两次、三次、五次，成本就很高，但如果摊到二十次、三十次，成本就能摊得很低。这些东西除了技术以外，经济上的账也都要算。

很多问题首先是设计单位要提出来。在工程施工当中，当然是施工单位做的工作多，但是像方案设计都是设计院做的多。设计院没有长时间驻现场。施工图，那段时间两家设计院是你做你的，我做我的，有技术问题的话再去交流一下，或者西北院过来北京。两家设计院之间是这么来做的。

北图工程这个项目中ABCD几段是比较重要的，属于主体段，给了建设部设计院。书库在A段，6万平方米；过来是B段；C段是东立面；D段，主要的目录厅和出纳台都在那一块。其他剩下的报告厅和周边的阅览室，像E、F、G、H段，锅炉房什么的都给西北院了。

施工这块，因为水暖电专业这一块原设计都有，我们主要是配合两个事情。一个就是消防，除了刚才我说的香港那一块，还有些东西都是后补的。有些管线、位置，改图纸的工作量比较多。第二个就是传送设备，也就是自动认址轨道式小车（简称"轨道小车"）。那时候一辆轨道小车的价钱等于一辆奔驰车。一套系统，一个小车就一辆奔驰的钱，想想得多少钱吧。当时有个概念是这样的，基本书库借还书的流通量是多少？综合阅览室有260个座位，又有这么大的出纳台，还要外借，书库一共是19层，每层有四个出书口，书梯是满足不了这么大的流通量的。当时对于新技术的引进，大家观点是不一样的。因为那时候国内没有这种轨道小车，也是争论了很长时间。

当时施工中最大的一个事故是目录厅那里，在D栋。我就跟你们说，在施工单位当个领导有多么紧张。当时出了事故以后，乐志远在家里面。工地有人给乐志远打电话，乐志远第一句话就是："死人没有？"当然了，没有死人！北图工程就是出了这一个事故，其他什么事故都没有，总体上说，是非常好的一个工程。

七、多方合作

我这人跟设计院配合是比较好的。不管是北京图书馆还是国家大剧院，我碰到的这两个单位的领导都很好，我也就能够非常好地执行他们交给我的任务。首先，图书馆和剧场工艺方面，设计单位应该听我的，因为设计单位对业务这块不了解。我来向设计单位解释为什么那么做是我的责任。反过来，我做过的这两个工程的单位领导，也都非常尊重建筑师的创作。就是在建筑上，建筑师有什么想法、有什么想做的，单位领导也一定尊重。包括图书馆这一块，李家荣副馆长也非常尊重西北院和建设部设计院的黄克武和杨芸、翟宗璠他们。建筑师提出来想法，我们业主尽量去实现。除了超投资预算以外，其他的都尽量执行，超投资预算是要提醒他们的。不是说这也不行那也不行，这要改那要改。建筑师有什么想法，只要投资允许的情况下，业主尽量去实现。这里边有一个理念的问题，也有沟通方式的问题。比如说我也碰过好多人说外国建筑师特牛气，不好打交道。我说，我遇到的外国建筑师都挺好打交道的。你不跟他说明白，他是坚决不改的；但你把道理说明白，人家肯定听你的。

就是说，我们业主和建筑师从单位关系也好，个人关系也好，都特别尊重对方。因为人家都是老总嘛，都挺有本事。因为这种大工程不像小工程，我发现越有本事的人越尊重对方。工程中我不记得有什么吵架的事情，也没有说像业主什么的吵得不可开交，搞得挺难弄的情况。矛盾是有，有技术问题，但都是商量着解决问题。我们的个人关系都挺好。你看你去采访黄总跟翟总，他们一定会提我，对吧？乐总也是。翟总就说："我永远会叫你小金，因为你永远都比我小。"

当时没有说吃客饭的。先不说招待他们，我们自己也就是在新馆南边那河边上办公。拆迁的时候那里留了几间平房，既没有暖气也没有空调，冬天要自己生炉子，夏天开电风扇。那时候好像是弄了两个煤气灶，就是家里的煤气灶，还不是单位的，双头的好像是，一个煤气灶上面两个眼。那时候钱也不多，自己带饭热个饭，要不就下个面条，天天中午这样。翟工、黄工到现场解决问题，上午开完会，中午就在这儿吃。那会儿也没有吃客饭一说，也没有时间，更没报销一说。那时候我爱人已经调过来了，我们开会，她就给我们煮面条，酱油面，最多搁个鸡蛋了不起了，有时候搁点榨菜。翟工也好，黄工也好，那么高的职务，那么有学问，那么大年纪，就跟我们一起吃，这么艰苦。

两位设总，先说黄总黄克武吧！他非常有学问。他现在这么大年纪，还画画，功底特别好。建筑师可以分成两类，学校出来的人，一类是做方案的，有想法。像陈世民他们，有创意，会画画，但往往这样的人，做施工图就差一点，也有点大材小用了。还有一部分人，像翟工，她干活特别细。为什么她到了81岁才退休呢？就是院里要她审年轻人的图。翟工的工作兢兢业业，特别仔细，图上有任何问题，她都能发现。而黄克武呢，两头都有。他既能做创作，做图又特别细，这样的建筑师特别少。他干工作兢兢业业，才学好，技术又全面，为人又特别和善，从来不着急。我实在是佩服了！黄总真是好脾气，任何事情从来不着急。但他绝对不是磨唧！出现问题，他马上就有想法，但是他从来没有表现出着急什么的。我们关系很好。我有时候，"不行！"两句话就火了，但黄总从来没有这样过。黄总从来不"毛"。修养！他的修养实在是太好了！我就没看他"毛"过，所以他才那么长寿呢。任何挠头的事情他都不着急，都是想办法去解决，这是非常难得的。

到工程的后期，黄总的工作就比较麻烦了。因为西北院别的人都去搞其他任务了，所以所有事情都是黄工一个人负责，现场只有他一个人来。刚开始做结构的时候还好一点，设备一上以后，他几乎每个月都要来现场一次到两次。到了现场，他能解决就解决，解决不了的就发回去，叫西北院的人提出方案，或者是补图什么的，或者个别人再到现场来解决。一个大师变成联络员了，所有问题都是他来解决。我觉得中间最难的就是，这边要他派人驻场，但西北院那边又派不出人来。只能黄总那么大年纪，三天两头往北京跑。

翟总我刚才说了，她对施工图这块非常认真。如果图纸上有任何毛病，一定逃不过她的眼睛。我想起来了，她后来还总跟我说："你别太认真了！"但可能有些东西我还是跟翟总学的。那时候也听过翟总跟我说："现在的年轻人怎么说呢？这一张图纸过来，我要提几十个问题。"要她签字的图纸，她一定要先看，看完以后她才签。她除了认真，还是认真，她这点给我印象太深了。

再说跟施工方的关系。G栋一层那块，阅览室一层高，辅助书库有夹层，是两层高。结果两层高的辅助书库吊顶标高给标错了，应该是9米3，结果标了9米，差了30厘米。施工中间，吊顶的龙骨都装完了，就是板没加，我站在二层的夹层上一看，发现吊顶高度不对。我发现不对了，就想找设计单位。找设计单位改标高这好办，9米改9米3，往上提30厘米就完了嘛。但是施工单位都已经干完了。于是就开会，在会上提。提了以后，施工单位说："你叫我怎么改？我们都干完了。"那没办法了。因为我跟乐志远私人关系也比较好，最后只好跑到乐志远家里去。我跑到他家里边跟他说这事情，他也说了他的难处。他说："我在会上怎么答应你？我没办法答应，我的工人刚做完了，做完的东西马上拆，行吗？"我说是不行。我说这样吧，第二天回去告诉他们先干别的，这个先停一停，过个十天半个月再叫人去改。最后，他们又拆了给改好了。

业主和施工单位之间有时候就是要把事情说清楚，互相达成谅解。那时候有个问题，我们这个项目跟其他项目还不完全一样，就是当时施工单位有个总概算承包的事情。这概算承包是什么呢？就是整个算下来的费用，打一个包干系数，比如说1%，还是1.5%，还是2%，所有的设计洽商有一个限额。我们当时定的是，一万块钱以下的设计洽商，修改或者设计院变更是不加钱的，一分钱不加的，由包干费解决；超过一万块钱的才另外给钱。那时候我管这一块。除了管建筑规划设计，所有包括建筑的水、暖、电，设备包括传送和消防，所有的洽商，除了设计单位专业人员签字以外，作为业主必须我来签字。这是李副馆长给我的权力。最后，由我来控制的设计洽商，除了我下面说的一件事，没有一项超过一万块钱，包括改的那个吊顶。

还有一个事，办公楼的一楼原来是做图书发行的，所以那块地板做的是水泥地。后来有人提意见，找了李副馆长，想改成绿颜色的塑料地板，那样不是既干净又好看嘛。我算了一下，那个地方改完以后要超过一万块钱，就死活不同意。李副馆长一再与我沟通，最后结算中超过一万块钱的就这么一项。所以，那时候控制投资还是很严格的。

八、善本书库

从最初的设计开始，我们对图书馆的善本书库就特别重视，因为善本是我们国家的宝贝，而且国图是国家的这些宝贝最多的地方。当时就定了几件事情。第一，善本库做三级人防。什么叫三级人防呢？就是相当于战时指挥部的人防，墙厚一米。而且国家有规定，三级人防是得保证某种火箭直接命中的时候也没问题。大概现在很少有做三级人防的，现在都是五级、六级人防的。为了保存善本，我们做了三级人防，当然三级人防还有其他配套的东西，比如供水、供电、人员指挥那些，但是那些我们都不要。

第二，三级人防的顶板很厚，大概80厘米还是多少，这一块的荷载特别重。那么这上边如果只是安排普通书架，就浪费了，所以这里安排了电动的密集书架。这样根本不用在结构上增加任何东西，只是充分利用这一块去做就好了。

第三，是防水。我刚才讲有一块地方是过去的古河道，地下水位比较高。所以当时善本书库做了两道防水。第一就是外防水，用了一种新材料。第二是混凝土本身的自防水。就是说外面一层是柔性防水，混凝土的防水叫刚性防水。建筑如果有缝隙，水往往就从缝那流进去了，下面还有水压什么的。做防水就是要避免这些。所以最后整个善本书库的底板跟一半的墙体是一次浇灌成功的。就是连续浇灌混凝土，第一车混凝土浇完了以后，还没凝固，第二个车过来、第三个车过来、第四个车过来……一直浇下去。那么大的面积，42米×42米的大面积，一次浇成，中间不能断续、停顿，一气呵成。当时这个调度、供应、现场这些东西，包括工人都是24小时连续作业的。我记得是一共用了两天还是三天多，这个要问问乐志远。

还有一个就是消防这一块的气体灭火装置。当时国内根本没有这个技术。气体灭火装置有两种，一种是用1211，毒性大一点；还有一种是用1301，就是卤化物。气体灭火装置当时也是从香港进口的，包括防火分区与联动装置，还包括两种报警器。烟感和温感先报警，然后才会启动。启动以后，一个防火屏障管一个防火分区。整个一层大概分了9个防火分区。开始释放气体之前，灭火装置会先报警，人员撤散，所有门关闭，不漏气了之后才能喷气体。因为它的气体要达一定的浓度以后，才能灭火。这些新的东西就是为了保护善本。到现在30年了，我没听说善本库有什么问题。

九、壁画

壁画也是我负责。我只是负责，不是我去做。这三幅壁画，实际上是杨芸在初步设计的时候就已经提出来的。文津厅，一进门做一幅壁画，做什么壁画当时没有明确，当时设计的时候他想留一幅壁画；在D段目录厅上头，做一幅壁画；在贵宾接待室做一幅壁画。这个想法是建筑师提出来的，具体命题是图书馆做的。当时就是馆里讨论，那时候是常务副馆长谢道渊主持。第一个壁画在文津厅，因为下面是善本，叫"五千年文化"[①]，中央美院来做；目录厅这一块，因为图书馆是知识的海洋嘛，壁画主题是"现代与未来"；贵宾厅那一块，是"中外文化交流"。然后具体用什么材质怎么画，就是由中央美院来决定。李化吉做的是文津厅紫砂陶板这一块；侯一民做的壁毯这一块，就是贵宾厅这一块；张颂南做的就是"现代与未来"，是玻璃钢的。

　　文津厅的壁画全部是用紫砂做的陶板，做完了以后烧，因为紫砂有收缩力什么的，所以烧了好多次。都做完、烧完了以后，贴到墙上去。李副馆长、胡沙，好像还有谢道渊，到现场一看，黑乎乎一大片，还有好多缝。胡沙他们就跟李副馆长说："这个东西怎么行？得扒掉！"那个东西整个投资大概五万多块钱吧。李副馆长就给我打电话，我当时在家里边，正发烧。李副馆长一个电话，馆里来车接我，我发着40度的高烧，到现场去看。领导们问我："怎么解决，砸还是不砸？"我说怎么能砸呢？就给他们解释：第一，这是半成品，不能把半成品当成品来对待；第二，所有一块一块的缝还没有补，所以看上去好像是黑乎乎的一片，什么也不是。因为有缝，人物跟造型等图案就看不出来了，对吧？我说："这样行不行？等全部做完以后再看，反正钱都已经花了，全部做完以后再看行不行？"他们急啊，要砸，因为那个时候快开馆了。我提了两个解决办法。第一，我说把缝的颜色调一调；第二，我说我会建议艺术家弄些浅一点的颜色来勾画，勾完以后效果就出来了。后来我跟李化吉说，做完以后一定给托一下，就是在所有凹下去的地方用点浅色陶土托一下，把深的地方凸显出来。我发着40多度高烧去了，跟他们说完了以后车又把我拉回来。最后这壁画保留下来了。我忘了他们最开始是怎么达成协议做紫砂的，好像是开始做施工图以后，因为我们所有门窗是

---

　　① 这几幅壁画的名字与主题参见前言第8页脚注。

茶色的，吊顶的灯也是铝合金茶色的，所以那块壁画想用茶色的。到底谁决定用的紫砂，我记不清楚了。

紫竹厅的壁画《现代与未来》是玻璃钢的。那时候玻璃钢这种雕塑也是比较少的，也是事先做过试验，做成人物形状，包括颜色什么的。侯一民做的贵宾厅的壁毯，是找了地毯厂。因为相对而言画比较容易，要织成毯子就不容易了。大概织了9个月，为什么呢？当时我们找了几家地毯厂，有的厂不接。最后我忘了是个哪个厂子了，我跟他们说，织的时候一根线都不能差，差一根线人物的眼睛就织斜了。这块壁毯最后就是非常严格地照原本的画稿织出来的。

当时定这三个壁画的时候，是上了文化部的部务会的。当时是李副馆长带着我，两人去汇报。当时还是比较慎重的，要请部里领导看看这三幅壁画行不行，有没有问题。那会儿是王蒙当部长，开部务会。三幅画，李馆长叫我介绍。我介绍完了，各个司局长都在会，开始讨论。讨论了没到15分钟，王蒙发话了，今天叫你们来讨论，不是叫你们来讨论艺术风格和艺术创作上行不行的问题，我们部务会讨论这三幅画，有没有存在政治上的影响？如果政治上没有影响，所有的艺术创作的东西，就让艺术家们去发挥，你们不要讨论，不要拿这个意见。这是王蒙当部长的时候审的三幅画。

当时主要是对《现代与未来》有不同看法，另外那两幅好像意见不大。由于主题"现代与未来"本身有些抽象，所以大家也不太接受，又是用玻璃钢材料的。还有两个半裸的人物，一个男的，一个女的，正在飞翔。因为造型是用了飞天的手法，把飞天现代化了。线条不是飞天那么柔的，是比较平直的。中间有一块是太阳，七色太阳。我们当时就是一条原则，跟王蒙一样，艺术这一块就交给艺术家，由艺术家负责。

F厅和H厅的两条语录——屈原的"路漫漫其修远兮，吾将上下而求索"和马克思的"在科学上没有平坦的大道，只有不畏劳苦沿着陡峭山路攀登的人，才有希望达到光辉的顶点"，白墙铜字，也是我管的。字是李以娣他们管，就是写什么字，找谁写是李以娣管。写完以后把稿子给我，我去找个铜加工厂，敲出来，贴到墙上去，就跟原来邓小平题的那个"北京图书馆"一样，所以这方面还是花了点功夫。当时不像现在，现在有很多东西都不是建筑师提出来的，都是建完了以后，贴个画、搞个什么东西，破坏了建筑师原来的构想。

北京图书馆新馆，1987年盖完，1988年收尾。1988年孙承鉴（时任北京图书馆副馆长）让我当机电处处长，我头半年都睡不着觉。我本来是管建筑结构的，但是不让我管了，让我管什么？变电、冷冻、空调、消防等。真的，我当时每天晚上睡不着觉。而且事故往往就出在节前。节前我们都要安全检查，有一次是4月30号，下午五点半，大概是空调机房，发现有个电机冒烟，着火。当时我跟朱南（当时的业务处处长）正好在别的一个地方查资料。馆里给我打电话，我马上回去处理这个事。但之后还是有谣言，说我不在现场。我说："你们去问朱南，我跟他一块在检查安全。"还有一次，我到家了，我女儿说："爸，图书馆的车在楼下等你呢，不知道哪跑水了。"我也被叫到现场去了。我说跑水不是我机电处管的，是房产处管的事！反正每年的大年初一，那时候杜克是常务副馆长，别人可以不去馆里，他馆长得去，我机电处长得去。每次我就先到他家等他，然后一块去馆里。

机电处现在没有了吧？后来应该是跟总务合并了，大概是。在我之前，建新馆的时候已经有机电处了，当时孙承鉴是机电处处长。后来他提成副馆长兼机电处处长。他说事太多了，机电处让我负责，他只当副馆长。

再后来，文化部要筹建国家大剧院，就把我调去建大剧院了。

采访手记 查看工作日志，我与金志舜先生第一次电话联系是2017年3月29日，第一次与金先生见面是4月10日。接下来的几个月里，我们通了无数次电话与短信。他虽然退休好几年了，但是依然重任在身，档期甚至比在职的人还满，同时负责着好几个项目。所以我们的采访时间一拖再拖，从原本打算的第一个，拖到了最后一个。终于，7月10日，我接到了他的电话，告知次日上午可以接受采访。

7月11日一早，我们前往文化部位于菜市口附近的"南小区"，当天除了楷婧和东亮，我们的小分队里还增加了一个在加拿大读高中的实习生杨蒲新。

中国记忆团队采访金志舜先生

金先生大概是1975年六七月间从中国电影科学技术研究所调入当时的北京图书馆的。他调入北京图书馆后最先负责的是拆迁工作。从那时起一直到1987年新馆建成，他见证了整个北京图书馆新馆从拆迁，到形成29个方案，再到最后建成的整个过程。

据他了解，最初所谓的114个方案，其实只是一些想法，并没有明确的图纸。但是到了29个方案的时候就不一样了，当时的5所开设有建筑学专业的高校与5所建筑设计院，各显身手，做出了28个方案，而第29个方案就是当时南京工学院杨廷宝先生自己拿出的方案。而后，在这29个方案的基础上，又分了6个组进行方案优化。6个小组最后形成了9个方案，其中有2个"民族形式较浓"的方案是由五人小组完成的——这就是后来大家所说"五老方案"的缘起。后来又在此基础上一步一步不断地优化，形成了最终的北京图书馆新馆方案。

事实上，方案只是新馆建设的开端，如何实现方案更是一项复杂艰巨的任务。因为当时不像现在，按照设计规范做就是了，当时没有规范，也没有可参照的先例。他说："在新技术这一块，现在看来都是很常规的东西，但在当时建北京图书馆新馆的时候，我们是国内的独一份。"这一切无论对于建筑师，还是施工单位，或者是图书馆自身都是巨大的挑战，但也从此为国内图书馆设计与建设开创了先河。

金志舜先生12年全程参与见证北京图书馆新馆建设，与我们之前采访过的几位老建筑师、工程师都有交往。谈及黄克武先生，他说，黄克武非常有学问。另外，作为建筑师，他兼有方案创作能力与绘制施工图纸的细致，这种人是非常少的。说起翟宗璠翟总，金先生笑着说："她说，'我永远会叫你小金，因为你永远都比我小'。"他说翟总给他最深的印象就是认真，除了认真还是认真——"图纸上有任何毛病，一定逃不过她的眼睛。"金先生回忆说。

说起当时生活上的艰苦，金先生和他的爱人张宝荣老师都很多感慨，他们二位笑着回忆那时的情景，当时他们开会，他爱人就在旁边给他们下面条，打个鸡蛋，放点儿榨菜就了不得了。

原本计划上午完成的采访，我们一直延长到了下午。直到把我们带的所有存储卡完全录满了，故事仍然没有讲完。而我们也只能等金先生下次有时间的时候再来了。

7月11日的采访结束后，我在微信朋友圈里写道："从2017.3.30到今天，100天，北京、广州、上海、南京、西安、新乡，30年，16人专访，终于告一段落。"那天的日记里，我是这样写的："在采访了金部长之后，整个'30周年'的叙事似乎也可以完整了。杨廷宝的方案，黄克武的不着急，翟宗璠的认真等，都有了交待。"有些遗憾的是，采访那天拍摄的所有照片都是虚的。

第三章

业务规划与搬迁

与图书馆相伴一生

受访人：谭祥金、赵燕群
采访人：李东晔
时间：2017年4月30日至5月2日 ①
地点：中山大学图书馆学人文库，广州
摄像：赵亮、谢忠军
其他在场人员：中山大学学生梁果壮、朴燕文

谭祥金，1939年生，1963年毕业于武汉大学图书馆学系，分配至北京图书馆工作。1973—1987年担任北京图书馆副馆长，1988年调入中山大学图书情报学系任教授。

赵燕群，1940年生，1963年毕业于武汉大学图书馆学系，分配至铁道部科学技术情报研究所工作。1980年调入北京师范大学图书馆学系任副主任、副教授，1988年调入中山大学图书馆任馆长、研究馆员。

一、从"谭小"到馆长

谭祥金（以下简称谭）：我们那个时候大学毕业叫分配工作，当时总支书记跟我谈话，说是要把我留校。

赵燕群（以下简称赵）：他是培养对象。

谭：总支书记让我留校当教师。我就问，赵燕群呢？他说，赵燕群分配到铁道部科学技术情报研究所，这样的话，以后她坐火车来，你们也方便。

我就问，那我们以后能不能调在一起呢？很现实嘛！书记说："我自己

---

① 2020年6月通过电子邮件往来对采访内容进行了补充。

两地分居都还没解决呢，你还考虑这个！"书记的爱人当时在北京工作。

赵：组织上当时对我们已经是照顾了。

谭：我们两个人商量了很长时间，到底该跟组织怎么说呢？第二天宣布分配方案之前，我就去跟总支书记说。我就说了一句话："还是放我走吧！"他当时把门一关，就生气地走了。最后宣布分配单位，我到北京图书馆，她到了铁道部科学技术情报研究所。

北京图书馆原来有个规矩，新来的大学生第一年必须在一线部门工作，就是到阅览部、书库那些地方。一年之后，再重新分配工作岗位。所以我第一年就在书库，就是取书、还书、归架，真是所谓的"足不出户，日行千里"。因为我个子小，大家都叫我"谭小"。

赵：一年后，1964年吧，那一年他的变动比较大。1964年我下放到山西寿阳了。他那时候先到北图团委，然后就抽调到文化部搞全国文艺调演，回来之后，就去"四清"了。"四清"回来就1966年了。中间1965年夏天，有一个星期，他们回来汇报工作，我们顺便结了婚。

谭：当时那些同事们说，你们赶快结婚吧！不知道什么时候才能再回来。然后很简单，我们就买了点糖什么的，请同学和熟人来吃了一点糖就算结婚了。之后我又走了，继续去搞"四清"了。

赵：连间房子都没有，我们就结婚了。

谭：1966年"文化大革命"开始之后，很乱！周总理就做指示，对北图实行军事管制，成立了一个军事管制委员会，大概有7个人，级别很高。同时还派来了一个排的解放军驻守，日夜地守着，轮流地值岗。这样北京图书馆没有受到任何的损失。我们当时就是闭馆，写了通告。很多地方，特别是外地啊，那造反派一下子冲进去，给图书馆造成很大损失。

再后来，1969年10月我就去湖北咸宁的干校了，直到1972年11月回来。我是全馆倒数第二批回北京的，最后一批回来的就是所谓"地富反坏右"了。

赵：当时所有人都要回来是因为北图要恢复工作。我就记得，当时中央要查东西，冀淑英[1]他们全都劳动去了，那么中央要查资料，资料都封起来了，也没人给查。

谭：总理就问，北图那些人呢？因为不能耽误中央查资料的，所以就从1971年开始陆续地从干校调人回馆。那时叫做恢复业务，不是开馆。当时都是有人拿着中央的介绍信，办公厅的介绍信，馆里就帮查资料。我是1972年11月回来的，记得回来以后好像是在业务办公室。

后来，中央有个文件，领导班子要老中青三结合。像刘季平是1927年的干部，七级干部。老中青三结合，先由群众提名，两派都提了我。刘季平就说，怎么出来了个谭祥金呢？因为当时派性很厉害的，他们说我属于两派都能够接受的。大家说谭祥金这个人虽然脾气不好，但是不整人。都是怕一派的人上去之后整另外一派，所以我就这样被选上去了。

赵：三结合嘛，除了刘季平之外，一个是刘岐云（1965年11月至1982年12月任北京图书馆副馆长），一个是丁志刚（1954年7月至1984年4月任北京图书馆副馆长），还有一个鲍正鹄（1972年12月至1978年1月任北京图书馆副馆长），再有就是他（谭祥金，1973年11月至1987年12月任北京图书馆副馆长）。

谭：鲍正鹄原来是复旦的教务长，学问很好的。

赵：他（鲍正鹄）是1972年调到北图的。这几个都比刘季平要年轻一点。我记得刘岐云身体好像不太好，切除了胃。李家荣（1978年8月至1987年12月任北京图书馆副馆长）是1975年才来的。就这几个人。

谭：我在北图当副馆长14年，是做了不少事。不过我始终认为，刘季平馆长是领军人，他的决策最重要。而在我的工作过程中，每一件事都是靠大家一起完成的。特别是因为我这个副馆长是大家推选出来的，他们都说我是"平民馆长"，当了副馆长还是叫我"小谭""谭小"。因为我一直和大家在一起干活、一起去干校……我刚到北图就被分到书库干活，拿的粮食定量是

---

① 冀淑英（1920—2001），古籍版本目录学家，国家图书馆研究馆员。

"轻体力劳动"的定量。当了副馆长，我主管的部门也是流通典藏部门。那时我天天和大家在一起劳动，他们有什么意见和建议都随时跟我说，让我为大家说话。建新馆的过程中，工作很多，也比较累。搬迁时，我曾经因为劳累过度，得了美尼尔综合症，躺下不能动，人就像一只船在大风巨浪里颠簸。实在没法，晚上让赵燕群用自行车推我到一个小诊所，打了一针葡萄糖，第二天还是去上班。因为我是总指挥，很多事情要处理。不过，回想那些时光，我心情还是很愉快的。刘季平说我是当官不发财。的确，我的工资没涨一分钱，住在北方交大（现北京交通大学）的学生宿舍，在楼道做饭。一家四口用现在的话叫"蜗居"，一个18平方米的房间。所以一直以来，我跟馆里的同事们相处都没有一点隔阂，气氛很好。

二、筹建新馆工作

谭：从1973年到1987年的14年中，建新馆是北京图书馆的一项重要工作。无论是设计方案的制订，还是后来的搬迁，我都全程参与了。因为我年轻。其他馆领导有调动工作的，有退休的，有后来调进馆里来的。只有我一个人从毕业就到北图，没挪过窝。

记得最初就是考虑在老馆如何进行扩建，解决书库不够的问题。1973年由国家文物局上报到国务院时，加了一条：在老馆扩建后，再考虑找地方建新馆。这个方案送给周总理审查，周总理批示："只盖一栋房子不能一劳永逸，这个地方就不动了，保持原样，不如到城外另找地方盖，可以一劳永逸。"这个指示非常重要，无论到哪儿，只要说是总理的指示，都会照办。

整个建新馆过程中，初期有过领导小组，成员主要是几位馆长，没有专门的办公室和工作人员。后来因为盖新馆，我们希望建工部派一个人来，跟有关部门打交道比较方便。这样李家荣就调来当副馆长了。李家荣调来之后，馆里成立了工程指挥部。到了1984年9月，根据新馆建设的需要，成立规划办公室。李家荣副馆长主管工程指挥部。我主管规划办公室。当时安排了李以娣、韩德昌、邵长宇等同志到规划办公室。他们都是业务骨干。

筹建新馆过程中，很多事情都是在馆里同事们的积极参与下进行的。特别是因为新馆建设跟大家自身都有关系，当大家听说周总理说要选址建新馆，要"一劳永逸"，都很兴奋，议论很多。我那时每天从西直门外的北方交大骑自行车到馆里上班，下班后经常回家很晚。中午跟大家在一起吃饭或者路上见到的时候，都会说到这些问题。开馆务会议的时候，各个部门都会集中部门的意见在会上说。那个时期很强调走群众路线，听取群众意见的。比如"馆中有园，园中有馆"就是大家提出来的。书库、编目等部门更是都希望改善工作条件。

当时书库的条件就不用说了。中文编目部门，房间低矮，那时没有机读目录，没有用计算机编目。过去图书馆都是两套卡片目录。一套是读者查找用，包括分类目录、书名目录、著者目录等。中西文，还有日文、俄文等不同文种分开排，所以很占地方，要有专门的目录厅。另外，编目部门还有一套叫做公务目录，比读者目录更全。所以编目部门里面卡片目录柜占了一大片地方，连走路也困难。记得当时这些部门就很强调，要有足够面积放置目录柜。而且目录柜都很重，目录厅的承重问题也要考虑。

新馆馆址最后经上级主管部门批准确定后，1975年的时候，全国的建筑设计单位纷纷报来设计方案，由国家文物局负责召开研讨会等进行讨论。刘季平同志也参加设计的研讨会。北图对设计方案有很大的发言权。馆里为新馆舍的设计要求开了好多次会，主要是听取各个业务部门的要求和意见。馆领导结合国外图书馆现代化设备等情况提出建议和要求。全国各有关的设计单位上报了29个设计方案。经过认真讨论，一再筛选，上报国务院送审的方案有3个。我们全馆上下员工也反复讨论，最后在3个方案中选一个。1975年我作为馆方代表参加选定方案的会议。在会上听完3个方案介绍后，我对3个方案的优缺点提出北图的意见和建议。因为我是副馆长，是代表北京图书馆的，所以大家对我提出的意见和建议都很重视。后来的新馆方案，建筑师们就是根据我们的这些要求设计出来的。

当时馆里有关全馆的工作都由馆务会议讨论决定。馆务会议一般每周召开一次，馆长、副馆长必须参加。除了馆领导必须参加之外，再根据讨论的问题请有关的负责人参加。例如研究新馆的设计方案，就请有关的人员参加馆务会。馆务会议都是刘季平馆长主持。每次由他根据会上大家的意见，归纳总结做出决定。新馆建设过程中，很多决定是由我执行的。

新馆馆址原来是皮鞋厂和园林局的一个单位，还有农民。因为征地我们占了农民的地，就要吸收55岁以下的农民到馆里工作。其中20岁上下的年轻人，馆里专门对他们进行业务培训。这个培训工作也是我负责的。我们的关系一直很好。后来，他们30年后搞了一次聚会，专门邀请我从广州到北京。那次聚会的老同事里就只邀请了我和教过他们的姜炳炘。

三、新馆规划与搬迁

谭：1983年我从澳大利亚回国，那时土建工程已经开始进行。考虑到新馆的发展规划需要，在1984年8月成立了规划办公室，由我兼任规划办公室主任，韩德昌任副主任。办公室的主要人员有李以娣、富平、王秉硕以及从外单位调进来不久的邵长宇等十几个人。除了土建工程以外，新馆所有业务、人员安排等都归规划办公室负责。包括：全馆功能布局、部门的调整、人员调配与培训、设备的购置、规章制度的制定、搬迁前各个办公空间的分配，等等。

由于规划办公室的事务很多，距离开馆时间又很短，而办公室只有很少的十几二十人，所以工作任务很重。好在大家都是精兵强将，如李以娣，将大大小小事情安排得有条不紊，跟馆里各部门沟通联系很顺畅；韩德昌当时还是小伙子，他在搬家过程中吃苦在前，指挥得当；邵长宇在出国考察的一个半月里，跑前跑后与国外同行沟通，对出国的领导们的生活等各方面的照顾和安排都很妥当；富平负责办公室的日常业务，勤勤恳恳、认真负责。和

1975年9月北图工程方案设计工作会议代表合影

他们在一起，尽管工作繁重，但是很顺心。

　　规划办公室首先是对新馆开馆进行全面的准备工作。第一，各个业务和行政部门的设置，原有人员的调整、补充和培训；第二，各部门的功能布置，对装修的要求；第三，各部门设备特别是家具的不同需求，例如、办公家具、书架、阅览桌椅等；第四，各部门的搬家计划和准备工作。规划办公室根据各部门的计划和要求，分别与他们讨论，确定方案和实施的措施。

　　新馆都是新家具，包括书架、阅览桌椅、业务和行政办公用的家具等。家具购置的经费没有问题，可是家具的设计要求、制作厂家，必须一一落实。因为数量大、品种多，因此，家具的购置当时也是北京图书馆新馆一个很大的问题。对于这项工作，规划办公室首先要求各部门根据需要和未来发展，提出具体的数量和要求。其次，更关键的是找厂家。当时国内没有专门的图书馆家具制造厂家，而距离新馆开馆时间又很紧。为解决这个问题，我们查找国内外资料，发现瑞典的家具受到很多好评。所以，我和有关人员专门去了瑞典进行考察。瑞典的一些家具企业也希望到中国设厂生产，打开中国市场。但是当时我国的外汇控制较严，我们最后只能是找国内的厂家。经过多方面的考察，决定善本阅览室的红木家具由北京的厂家负责，书架等由广东新会和沈阳的厂家负责。

对于图书馆的家具，无论是款式和质量，我们的要求都很严格。记得新书架到馆后，装配完了，我去检查，发现有的产品不合规格。我就说："新馆开馆后，会有很多各省市的兄弟图书馆来参观。这些不合格的书架拆了全部退回。新会二厂的书架做得最好，用他们做的书架补上。"因为已经完成任务，当时新会二厂的工作人员已经准备回家，而且他们也都没有粮票了。为了尽快解决书架的问题，我们帮他们解决吃饭问题，而他们这个工厂也因此出名了。

对于读者服务用的家具，我们曾经征求一些老同志的意见。有的老革命看到我们展示的那些善本阅览室的红木家具，就说："我们在延安，都是坐在木头上、砖头上就能看书。"觉得我们的做法"很奢侈"。可我们觉得条件许可的话，应该给读者提供最好的看书条件，所以最后我们还是订制了红木家具。

关于新馆的搬迁工作，我写了专门的纪事文章①，因为这真的是一项很巨大的工程。我现在还清楚地记得当时搬迁的口号："不丢不乱，不损不毁，保质保量，文明搬迁"②。"不损不毁"是根据北图馆藏的情况提出来的。北图除了古籍善本，还有很多古旧图书，像解放前的报纸，一不小心就会破碎。放在柏林寺的线装书也是一样。图书下架后，还要除尘，除了尘，才能打包。这个过程就特别要小心，不要造成图书破损。

搬迁时都是用解放军的带篷的军用卡车搬运。特别是晚上，老馆就在中南海对面，军车出出进进，一辆接一辆进出图书馆。

我在搬迁过程中，每一天的工作日程都安排得很满，美尼尔综合症就是那时犯的。馆里的一部分年轻人参加了突击队。闭馆以后，大家把图书下架

---

① 谭祥金.创业精神和质量意识的凯歌——北京图书馆搬迁记[J].图书与情报,1990(3):76-82.

② 此处回忆与原口号有差别，原口号是"优质高效，文明搬迁，不丢不乱，不损不毁"。

后，给书除尘，再用旧报纸打包和编号。这些程序不能有半点差错。因为书运到新馆，要根据编号放到新书库规定的位置。新馆办公用房分配后，书库的管理人员首先要到分配好的库房，划分好藏书的空间，进行编号。到解放军帮忙运书的时候，突击队员也分工，和解放军战士一起将书装车，跟车到新馆卸车，之后还要拆包和上架。那时候北图有的书放在柏林寺、北海公园原来的松坡图书馆，还有西四警尔胡同的报库。当时特别是松坡图书馆和报库的条件很差，劳动强度很大。我们的突击队年轻人，一干就是半年多。他们后来都成了馆里的业务骨干。

四、《中国古籍善本书目》的编纂

谭：新馆建设，除了馆舍，整个过程中还有很多"软件"的建设。因为当时对北京图书馆的定位就是国家级图书馆，是全国图书馆的中心。很多事情都是由北图牵头来做的。比如编撰《中国古籍善本书目》。这个也是周总理1975年在病中提出来的："要尽快地把全国善本总目录编出来。"从文物局到各地图书馆，很快就行动起来。由文物局召集全国有关的图书馆、博物馆等单位开会制订方案，划定收录的范围[①]。

第一阶段是分工进行古籍善本普查。比如，西北五省就由甘肃省图书馆潘寅生负责普查的组织工作。各省或者大区将普查的古籍善本编成卡片目录，将卡片送到北京汇总。请全国有名的专家审查、选定。在这个基础上成立编辑委员会。刘季平馆长很重视古籍善本编目工作。事实上这项工作是他和文物局一起策划、组织与实施的。当时也是国务院向他和文物局的负责同志一起传达周总理指示的。具体的组织工作都是北图做。古籍善本编委会，刘季平是主任委员，我是代表北图的副主任委员。鲍正鹄副馆长是老专家，经验

---

① 关于《中国古籍善本书目》编撰工作具体内容，参见：中国古籍善本书目编辑委员会.中国古籍善本书目：丛部［M］.上海：上海古籍出版社，1990：761-763.

丰富，出的主意比较多，他也参与组织工作。编委会其他副主任委员和委员都是外单位的馆领导和专家，办公地点就在北图。日常业务我做得比较多。当时馆里善本部主任是丁瑜，丁瑜做了很多具体的工作。

我为什么觉得编善本总目是新馆建设时期的一项重要工作呢？因为这也是周总理的遗愿。编制过程有很多曲折，比如各个地方普查的卡片都汇总了，谁来审定？大家讨论，认为我们北图最有名的是赵万里老先生。可是那时赵老先生已经70多岁，而且"文革"之后，身心受到了很大伤害，很难坚持工作。于是就又考虑冀淑英。冀大姐一直协助赵万里，在古籍入藏、版本考订、编目整理等方面做了大量工作。赵万里一直培养她。可是当时冀大姐已经退休，住在河北她女儿家。考虑再三，大家认为冀大姐最合适，于是就通知她回馆担任《中国古籍善本书目》的副主编。我非常敬佩这些老专家。在那个年代，他们没少挨斗。但后来馆里请她回来，她没有拒绝，工作中没有一句怨言，默默地、认真地、一丝不苟做审校工作。他们承担古籍善本总目的编目工作，没多拿一分钱，也没提过任何条件和要求。我记得当时大家都集中在北京工作的时候，他们住在虎坊桥的国务院招待所，工作开会都在那里。那里条件很一般，工作过程中还会出现一些矛盾。但老专家们依然是在那里认真地工作。我也经常过去看望他们，了解情况，帮助解决一些问题。所以我和他们中很多人都很熟，一直到现在都有联系。

五、图书馆现代化

谭：一说到图书馆现代化，我就想起老馆长刘季平同志。要不是他到北图来，按当时北图的状况，以及全国图书馆事业的状况，图书馆现代化的道路会更加艰辛。对于北图新馆的规划以及五年发展的设想，在我的文章《关于新馆规划与五年发展纲要的设想》①中有所论述。这篇文章是我十几年参与

---

① 谭祥金.关于新馆规划与五年发展纲要的设想[J].图书馆学通讯,1986(2):24-28.

新馆建设过程中，对于图书馆现代化过程认识的一个小结。

尽管新馆设计方案中有1500多平方米的计算机用房，但事实上，当时北图还完全是手工操作。刘季平同志访问美国，了解到欧美、日本等地图书馆都应用计算机，有了机读目录、计算机检索。而跟他同时派到美国考察的还有一个计算机代表团。所以说，当时我们国家已经考虑到计算机应用的问题。季平同志回国后，也跟我们讲到图书馆的计算机应用。到了1974年8月，我们国家设立了"汉字信息处理系统工程"（简称"748工程"），就是在各行各业应用计算机。当时图书情报界主要做两件事，第一件事是编制《汉语主题词表》。对此，科技情报部门非常积极。因为当时国外已经有了《化学文摘》《工程索引》等书目数据库，查找文献比起满屋子的卡片又快又方便。按照分工，中国科学技术情报研究所（以下简称"中情所"，现中国科学技术信息研究所）负责牵头编制自然科学和科技部分以及汉字信息处理项目，北图负责牵头编制社会科学部分。这样一来，在北图新馆的设计方案中，就自然要考虑计算机了。印象中馆里曾经组织有关人员去第四机械工业部（以下简称"四机部"）参观。在方案设计时，北图新馆计算机房的空间设计和技术要求是请四机部帮忙提出来的。我们图书馆强调要现代化，计算机是必不可少的。北图也逐渐引进计算机人才，而且将馆里一些学理工科的大学生，例如孙蓓欣、周升恒等转到了后来成立的自动化部。

1985年，我为了北图自动化管理系统的购置，请国家计划委员会、国家经济委员会、文化部计财司等部门负责人一起，远赴美国、加拿大、日本等国考察一个半月。这次考察使大家大开眼界，了解了图书馆现代化的情况。回来后他们说："你们要多少钱，我们就给多少钱。"在一些单位经费压缩的情况下，我们馆自动化设备的经费，一分不减，而且还增加了。

说起这次出国考察，一个半月时间跑了三个国家，他们也很累。因为对于各个部委的领导来说，图书馆专业已经很陌生，图书馆自动化系统更是第一次了解。我们请他们出国考察，就是希望他们了解计算机应用对于现代化图书馆的重要性。他们也真的是每到一处都了解得很仔细。而我们北图的工作人员除了参观考察，认真了解情况，还有一个重要的任务，就是要照顾好领导们的生活。一个半月内，大家除了实地参观，就是乘车、乘坐飞机。领导们年纪都比较大，有的还是第一次出国。不说别的，他们每天喝惯了开水，可是美国宾馆一般只供应凉水。为了保证大家有热开水喝，每到一个地方，我们就找当地华人，帮我们找烧开水的水壶。

赵：说到那次出国考察，临行前，我在行李箱里给他装了很多蜂皇浆，那算是那个年代最好的营养品了。我说他的任务重，要注意身体。等到他出国后，我也应聘去广州华南师大讲课一个月，每天讲两门课。家里就剩下两个儿子，一个读高三，一个读小学。当时正赶上大儿子高中毕业填报高考志愿，老师一再动员他报考北大，孩子拿不定主意，我们俩又不在家，只好听老师的意见填报。当然，最后他果真考入了北大英语系。那时像谭祥金这样有多次出国经历的人，很多人都在国外给孩子找学校，办出国留学。可是他想都没有想过。大儿子考上北大之后，他坚持要求儿子念完。因为他总觉得北大是我们国家的最高学府，一定要读完了再考虑出国留学的事情。

那些年，对于孩子和家里的事，他基本上没有管过。当年大儿子该上小学了，他是5月4日的生日，但北京的小学规定只招收4月31日之前出生的孩子。其实那时有一所小学的职工是在北图搭伙的，跟他们说一下孩子的生日只差4天，入学肯定没问题。可是他"很讲原则"，坚决不走这个"后门"，结果孩子因为4天耽误了一年时间上学。后来刚巧又赶上小学五年制改六年制，高中两年制改三年制，所以我的大儿子足足比同龄孩子晚了三年才读大学。

六、澳大利亚工作经历

谭：1978年，北京图书馆有个代表团访问澳大利亚，这是我第一次出国。到了后来，他们回访，澳大利亚国家图书馆的馆长来中国访问。他知道我们北图盖新馆，所以就提出来说，如果你们要盖一个现代化的国家级图书馆，你们最好能派谭先生到我们那待一段时间，让他知道一个现代化的国家级图书馆是怎么回事情。那么我们馆里就说，这个可以考虑。再后来，他们发出了邀请函，然后我们上报国务院，批下来之后我就到澳大利亚去工作了两年。

去了之后，人家就说，你夫人为什么不来啊？我说她忙着呢。过了一个月之后，又问，怎么还不来啊？他们说，因为你是我们邀请来的，而且给你们的经费是一个家庭的经费，因为让你们分居三个月以上是不人道的。就又问我，是不是要我们发邀请信？我说，那你发嘛。

赵：当时我已经调到北师大图书馆学系当老师了。邀请函寄到了北师大。

谭：邀请函到了北师大，北师大同意，都体检了，但是北京图书馆不同意。

赵：不是北京图书馆了，是文化部党组决定。

谭：对，文化部党组决定，不同意。

赵：他们找我谈话。

谭：那个时候就是怕她去了之后我们不回来了。

赵：主要当时没有像他这样，这个级别的人去两年的。这个没有，真的没有。

谭：澳大利亚国家图书馆的馆长后来又问，你夫人为什么还不来呢？我说忙着呢。

赵：机票都买了。

谭：再往后，怎么还不来，他就知道了。

我去了之后，我说我刚来，得要学习英语。我要跟你们的学生们接触，这样我学英语就更快一点。所以，我就跟学生们住在一块。他们大概是两个人一间房或四个人一间房，我是一个独立的房间，就一直是这样。

在澳大利亚国家图书馆工作的两年给了我很多启发。首先就是他们的那个图书馆是为读者着想的。不是说他们的馆员怎么好怎么好，而是图书馆一切都是为读者着想的。特别是对于残疾人，都是以一种平等的态度。比如，有盲人读者去了，工作人员问清楚他的目的，就把他领进去，然后这读者该干什么干什么，走的时候工作人员再把他送出来。对待读者，不管是什么人，是大的领导干部，还是富翁，或者乞丐，都是平等的。当时让我是有很大感触的。

我们那个时候还都是手工查卡片，他们已经是机械化了。并且那个MARC格式是全世界通用的。就是说一个外国人来借阅也没问题。无论是哪国的读者，使用起来都很方便，都能够找到他所需要的资料。

我们当时的服务倒也不是衙门式的，但是有些缺乏教养。总的来说呢，这跟整体的社会氛围和教育水平确实有很大的关系。当然也确实有读者素质的问题。像当时澳大利亚这样的国家，人的素质是到了一定的程度，读者不会乱来的。读者拿了哪本书，看了之后就会自觉放回去，因为别人可能也要看这本书。如果单纯从业务工作来讲，当时我们跟澳大利亚的差距应该不大，但是我们的各种限制比较严一些。

回想我在澳大利亚工作的两年，澳方当时并没有给我一个很具体的考察计划，只是让我到各个部门走了一遍，了解他们的情况。每到一个部门，都是由该部门的负责人员给我作详细介绍，有问题就与他们交流。

因为我是学图书馆学专业的，又当了七八年的副馆长，对于图书馆的业务、流程和方法都很熟悉。而到了澳大利亚，我发现自动化系统在各个部门的应用，让图书馆的业务工作有了很多变化。考虑到新馆建好之后，北图开始应用自动化系统的话，也要选购自动化系统。所以，我就详细了解了澳大利亚国家图书馆的自动化系统的情况，包括各个部门会有哪些需要适应的过程。所以我到每一个部门，都进行详细了解。从计算机操作开始，了解图书馆自动化的全过程，以及图书馆现代化管理的理念和运作，包括技术人员的配置和培养。我还借了一些有关的书刊资料来看，了解国外图书馆应用的计算机系统的优缺点、性价比，等等。

我也注意到了澳大利亚国家图书馆的缩微技术。因为那个时候国内图书馆还没开展这项工作，所以后来我还带回来了一些馆藏目录的缩微平片作样品。回国后，我曾不止一次地到其他省市介绍国外图书馆现代化的情况，并根据我们国家的实际情况，提出自己对于图书馆现代化的一些想法。

赵： 因为他第二次去澳大利亚去了两年，那他就跟很多图书馆界的华人有了接触。澳大利亚那里有一些台湾去的、香港去的华人。谭祥金去了以后，跟他们接触比较多，关系比较好，去他们家做客什么的。那么就谈到大陆跟台湾的问题了。

谭： 虽说是一个中国，但是一直没有联系。

赵： 一直都没联系，面对面，但是没联系、没有交流。能不能打破这个局面？他们几个人就在澳大利亚那里谈到这个问题，他就跟台湾去的王省吾、香港去的陈炎生一起商量，能不能用国际研讨会的方式来打破这个僵局。陈炎生的主意是最多的，很活跃的。他就提出来，不要去美国，美国没人帮忙做这个联系的工作，就在澳大利亚，搞一个国际研讨会，两边都派人到那里，就很自然了嘛。就这样，主要是王省吾跟澳大利亚国家图书馆与台湾方面沟通，谭祥金通过大使馆跟大陆联系，整个筹备工作就是他们三位完成的。

后来北京图书馆是李竞去的，他是办公室负责人，还有朱岩，当时在研发汉字属性词典，可以在会上和台湾同行交流。我记得，台湾是沈宝环、胡欧兰。所以，海峡两岸图书馆界第一次真正的接触是这样搞起来的。

谭： 之前也有因为出访见面的，大家心里都明白，你是大陆来的，我是台湾来的。但是呢，不敢握手，也不敢说话。但是一起参加国际研讨会，到澳大利亚那里大家就没有顾虑了。

赵： 去那里两年，他没有回来探亲，打电话都没有。我也没有去那里，不行的。也没什么通信，我跟他很少通信的。他大概有一年中秋打过一次电话，在陈炎生家里，打电话到我们家。我们家那电话当时还不能随便打出去的。他打过一次电话。还有一次挺好笑的，就是许绵、乔凌他们出去访问回来。

谭：乔凌当时是北图外事科的科长。

赵：乔凌他们回来的时候，可以带"八大件"回国，就请他们帮我们带了一台洗衣机。那时候，北京还没有能够修自动洗衣机的地方，所以大家说，千万不能买自动洗衣机。那个时候国外已经有自动的了，但是大家建议不要买自动洗衣机。我就听了。怎么办呢？我就打了个电报给他，三个字"半自动"，因为打电报要花钱的。他那个时候工资七十块钱一个月，这钱都基本上是买礼品了，牛角雕、绢面扇子什么的。因为他经常都要应酬，需要带一点小礼品，那都是我买的，钱都是我们自己出了。买了以后，有人出去就请他们带去。他们馆里当时三个月、半年就有人换着去澳大利亚的，我就让人带去，让他有礼品送嘛。

谭：洗衣机还是在香港买的。

赵：我就写了个"半自动"。人家告诉他说，谭先生你有电报，把他吓了一跳！

谭：那个时候有电报啊什么的，就是以为家里出事了嘛，吓一跳！我一看"半自动"三个字，我就领会了，明白是要买半自动的洗衣机，不要买全自动的。

七、回忆刘季平馆长二三事

谭：当时（1972年）尼克松访华以后呢，国内就开始派一些学术与业务交流代表团出国访问，其中组织了一个中国图书馆代表团，由刘季平带队，于1973年9月访问美国。因为那个时候已经确定北图要建新馆了，建一个什么样的馆就很重要了。因为1973年第三届全国人民代表大会就已经提出了现代化的问题，特别强调要建设社会主义现代化国家。因为刘季平的身份，当时美国还是非常重视的，基辛格都接见他的。当时一起去的还有一个计算机的代表团。中国图书馆代表团在美访问了38天。

刘季平馆长（左三）率团访问美国

　　回来以后他就写报告给上级主管部门。报告做得很详细，包括计算机当时在美国怎么用，美国国会图书馆是怎么样使用计算机的。现在的文章里都说MARC格式在国内是刘国钧最早提出来的，事实上是刘季平。刘季平在1973年提出来的MARC格式，因为他去了美国看到了。刘国钧是看了一些文章翻译过来，真正看了MARC格式在美国怎么应用的应该是刘季平。回来他就说了，MARC格式是怎么样的，在编目中应该是怎么样的。因为刘季平本身是个教育家，他把当时计算机在图书馆方面的应用讲得很详细。然后他提出了开架，就是说国外很多图书馆都是开架的。北图新馆的建设，他就提出来基本建设应该考虑开架问题。那个时候我们全国的图书馆都是闭架的，没开架的。这都是刘季平提出来的。

　　后来刘季平又去了一趟英国，回来以后就又谈了图书馆网跟计算机应用有什么关系。去英国访问了大概二十多天，大英图书馆、各个专业图书馆等，他都去了，这个都是有文章的。

刘季平馆长，是我一辈子最敬佩的人。他就是我的一个长辈。在我一生里面，他是一个领路人。北京图书馆很长时间是没有馆长的，那个时候都是副馆长，都是第一副馆长、第二副馆长，然后再分工。他来了以后，开始的时候因为他是很高级的干部，我们很少跟他有直接的接触。等我当选副馆长之后他就找我谈话。我第一句就说："我怎么一会儿是阶下囚，一会儿是座上客呢？"因为之前我在干校被审查了几个月。他说："你不懂，要你干你就好好干！"对我们来说，就是把他作为长辈。一般的问题都不找他的，我们自己解决就行了。遇到比较难的问题，都是他来帮我们，告诉我们应该怎么办。

1976年唐山大地震的经历也是难忘的。记得那天半夜把我震醒了。我当时还以为是赵燕群打摆子①。把她叫醒，她说地震了！我们起床抱起小儿子，拉着大儿子往屋外跑。我一想馆里情况严重，天没亮就骑着自行车直奔馆里。后来季平同志他们陆续到了馆里，决定成立突击队，我当总指挥。屋里危险，不能进去办公了，便由总务分头购买抗震的材料，在空地搭防震棚。除了馆里抗震，还要了解馆里的同事有什么问题和困难。震后，我还专程去唐山了解唐山图书馆对抗震救灾有什么需要，从唐山回来后向馆里汇报，派人提供支援。

在这样的非常时期，刘季平同志一位年过70的老革命，也和我们日夜操劳，不回家，让我深深感动。那不是一天两天，而是几个月。又是大热天，在简陋的油毛毡和几根棍子支撑的"防震棚"工作、生活。直到冬天，室外很冷，我们才搬回屋里。这段患难与共的岁月，我一直没有忘记。

赵： 好像他（刘季平）没有怎么夸过他（谭祥金）。（笑）

谭： 他的脾气啊！他对一般的人绝对不发脾气，就只是对很熟的人，有时候爱发脾气。

赵： 他有一次跟谭祥金发脾气，我儿子正好在办公室外面玩儿泥沙呢。

---

① 指疟疾发抖。

他们两个在办公室里面吵，吵得好大的声音，把我儿子吓坏了。全馆都知道的。我为什么印象极深呢？因为他（刘季平）抽烟，他那个中华牌的烟盒都留给我儿子的。当时我儿子在外边听到他们吵，他回家就告诉我说："坏了坏了，以后我没有烟盒了。"结果后来，据他说："他们吵完架出来，还是把烟拿出来把烟盒给我了。"（大笑）

谭：我也忘了是什么事吵起来。后来过了一个星期，还是刘季平说，小谭咱们聊聊吧！

赵：闹了一个星期，不说话。

谭：我后来有一篇文章写了他（刘季平）是现代图书馆的奠基者。

赵：不是奠基者，是开拓者！我们说他是个领跑者跟开拓者！

谭：如果没有他的话，别人也没法推动这些事情。我们一直保持着联系，他退休离开图书馆之后也一样。有时候图书馆的事情我都会去跟他谈一谈，那就不是工作上的联系了。说老实话，我们之间有一种父子般的关系，我有时间就去看一看他。

我至今铭刻在心的是1980年离开北京，去澳大利亚考察访问前的一次长谈。那是一个晚上，我到刘季平家辞行。我们两人在他家的客厅对坐。他谈了很多他去美国、英国考察的情况，以及对我的出国的要求。因为厅局级干部长时间出国，要向国务院打报告审批，机会得来很不容易。我们谈了馆里的现状和他的想法。他深情地说："我在北图主要干了两件事，第一件事是建了新馆，第二件事是提拔了以你为代表的一批年轻人。你要好自为之。"我一直牢记他的教导，不考虑个人得失，一门心思为北图、为图书馆事业干活，直到现在。

采访手记　　因为本人并非图书馆专业出身，入职国家图书馆工作又比较晚，一直以来对图书馆学圈里的人或事的了解都非常有限。由于接手"国家图书馆总馆南区建成30周年"专题口述史项目，我有幸结识了好几位之前不曾听说过的图书馆界前辈。谭祥金教授与其夫人赵燕群教授就是最初的两位。

1973至1987年，谭祥金担任北图副馆长期间正好也是北图新馆建设的时间。从1975年4月第一次的方案设计预备会开始，到1987年10月6日的新馆落成典礼，他亲历了北京图书馆新馆建设的整个过程。因此，谭祥金位于我们采访名单的第一位。

自2017年3月30日开始，就采访工作与赵燕群老师多次电话、短信及电邮往来之后，4月28日，我与同事赵亮、谢忠军一起坐了10个小时的高铁前往广州中山大学，专程采访国家图书馆原副馆长谭祥金及其夫人赵燕群。

由于此前已经跟赵老师沟通多次，加之有同事之前已经与谭、赵二位教授有过不少接触，虽然没有见过面，但赵老师爽朗热情的形象已经在我心中扎下了根。我们的这次造访恰逢广交会期间，宾馆房间紧张，赵老师忙前忙后地帮我们打听张罗，预定房间。由于我们晚上10点才能到达广州，当天的傍晚，二位老人又特意帮我们去提前预定的中山大学"学人馆"确认房间，并一再嘱咐我们到了酒店，一定要短信告诉他们。更让我意外的是，办理入住手续的时候，服务生递过来几盒点心。这是担心我们晚上饿肚子，赵老师特意买了送来的。

次日上午，二位老人如约而至，静静地等在楼下大堂里。赵老师"依旧"笑容满面，特别是见到"老朋友"赵亮，更是开心得不得了。谭馆长起初显得有些沉默，但很快就跟我们谈笑风生了。令我有些好奇的是，在临近5月的广州，他外套里面竟然还穿着件羊绒衫。后来得知，由于他上一年心脏做了手术，现在心脏的供血量仅有常人的30%。

二位老人首先带我们去中山大学图书馆看采访拍摄的场地。4月底的广州气温尚可，偶尔有些细雨。中山大学的校园景色宜人，我们边走边聊。他们自1988年调来中大，转眼30年过去了。赵老师是广州人，回到故里自然是再满意不过。身为湖南人的谭馆长，现在也完全习惯了那里的生活。他一再告诉我们，中大环境好，生活也方便，他们现在基本上都不怎么走出校园。

中国记忆团队采访谭祥金馆长

　　当天下午，我们开机采访。可能因为紧张，或许是身体状况不佳，更可能是对赵老师的依赖，离开赵老师陪伴、脱离了讲稿的谭馆长，面对镜头似乎有些不知所措。这令坐在对面的我也感到些许焦虑。我用尽了各种调动、调整的办法，最后，那天下午的采访依然以"暂停"收场。

　　与赵老师商量之后，4月30日上午的采访，我们请赵老师坐在了谭馆长的身边。这两位老同学，自1959年在大学里相识，虽然按照赵老师的话："他开始对我的印象不好。因为我变声的时候变哑了嗓子嘛，他很烦我讲话。哈哈哈——"但他们最终还是相爱，并且克服了重重障碍走到了一起。他们1965年结婚，至今已经相依相伴走过了50多年。

　　赵老师头脑清楚，记忆力超强，快人快语。在赵老师的陪伴下，谭馆长终于打开了话匣子。他说自己当初是在"老中青"三结合的干部任用方针指引下，年仅34岁就被提拔成了副馆长。因为自己个头小，大家一直都称他"谭小"。但是"谭小"的脾气可不小！赵老师笑着说，有一次谭馆长跟时任北京图书馆馆长的刘季平在办公室突然大吵起来，当时他们的儿子正在办公室门外玩耍，被吓坏了。但实际上，谭馆长对刘季平馆长非常尊重和敬佩，他说，"在我的一生里面，他（刘季平）是一个领路人"。赵老师也反复强调，

相伴一生的两位图书馆学人

刘季平馆长不仅在北图新馆的修建问题上起到了关键作用，而且图书馆计算机编目的MARC格式也是刘馆长在当年率团访问美国与欧洲图书馆后在国内最先提出来的。

1987年底，参加完新馆开馆典礼之后，组织上安排将谭祥金调入当时的文化部对外展览公司任副经理，那是一个人们通常看来的"肥缺"。但他说："当时就是想不通，我是做图书馆的，去那个对外展览公司算什么呢？我是学图书馆学的，我干我的图书馆就是了。"就这样，1988年，谭馆长和赵老师来到了中山大学。他们说："在学校啊，有学生，特别是那个研究生，跟你几年，就像自己的孩子一样。现在我们每年过生日的时候，他们都要来。"

短短几天的接触，我们相处得也好像孩子与父母那样亲密。最让我感到惊讶的，是6月初的一个早上，尚未完全苏醒的我竟然收到赵老师发来的生日祝福。我问她如何知道的，她却顽皮地回答："我是神算子！"从此，我每年生日的时候都会收到赵老师的祝福！

认真工作每一天

受访人：富平
采访人：李东晔
时间：2017年7月3日 ①
地点：国家图书馆口述采访室，北京
摄像：赵亮、韩尉

富平，1953年生，1975年毕业于北京大学图书馆学系。长期从事图书馆业务管理工作，曾任国家图书馆业务处副处长，采编部、报刊部、典阅部主任，全国文化信息资源共享工程国家中心常务副主任，国家图书馆数字图书馆管理处处长、中国图书馆学会专业委员会数字图书馆分委员会副主任委员、文献标准化委员会八分会副主任委员。

一、新馆方案的印象

我记得北图新馆是1975年周恩来总理亲自批准的。讨论新馆建筑方案的时候，我还在上大学。一百多个方案出来，讨论后选出29个，进一步选出9个，最后选出3个。我印象都特别深，一个一个地排除。我们当时都关注这个事情，看过所有的模型。1983年，新馆的整个筹建工作就开始了。要求是到1987年7月1日完工，最后是按这个进度完成的，并于当年10月6日举行了开馆仪式。

当时大部分的北图员工还是非常希望了解新馆，关注新馆的。那时候的人也没有现在的生活那么丰富，每天特别简单。我记得就是回家听听收音机，看电视都是后来才有的。所以在生活比较简单的情况下，大家可能对馆里组织的一些活动，还是都能积极参加的，是比较感兴趣的。

---

① 2021年11月根据富平老师的反馈意见进行了修改补充。

刚开始我们只能是评价建筑的外观。里面功能的设计，那时候还没有完全做完，只是一个建筑外形。当时说什么的都有。看过那些方案以后，我特别喜欢陕西省第一建筑设计院的方案。它不是中国传统的那种中规中矩的方案，有点现代，另外它是不对称的，有种特别的不对称的美。但最后选的是现在这个方案。当时好多设计院的工作人员来北图讨论问题，清华大学和陕西省第一建筑设计院的一些专家经常过来，我们接待过他们。我记得他们后来也参与了最后方案的具体设计的修改。但是外观来说，我个人认为陕西那个方案是不错的。

我印象中，建北图新馆的时候，刘季平馆长在前期参加了一些讨论。但后来他生病了，真正建起来的时候馆领导就是谢道渊、胡沙、谭祥金和李家荣。应该说，刘季平馆长前后为了这个新馆做了很多工作，花费了很多心血和精力，包括找领导人谈，我们这个馆应该怎么建，建成什么样子的，规模应该多大。有些讨论的场景我现在还历历在目，在会议室里，他抽着烟在那踱来踱去的，与我们讨论那些特别具体的问题。当时他还率领中国第一个图书馆代表团到美国去，包括考察美国国会图书馆，为新馆做了一些考察。

二、新馆业务工作的各项准备

我在业务处一共工作了18年。我大学毕业后分到馆里就在业务处上班。到了1984年的时候，我到阅览部当副主任，任职3年。后来要做业务规划，我又回到业务处。过了多少年以后，我又到典阅部当主任去了。我就这么来回调了好多回。到新馆建成以后，我就在业务处当副处长。后来我又到采编部当主任，到报刊部当主任。大概就是这么一个过程。

在北图新馆建设期间，我主要负责的就是新馆工程的业务规划，还有后来的搬迁。业务规划这个工作说起来时间很长，从一开始说要建新馆的时候馆领导就非常重视。我们为了新馆能够从传统图书馆向自动化图书馆转型，做了很多前期调研。我觉得前期调研工作做得很充分。我们在北海（文津街北图老馆）新建了一个6号楼（现临琼楼），目的是在楼里进行开架阅览、员工培训，还有一些新的家具的前期试验，做试验证明那些设备、家具及布局是不是可以平移到新馆。当时国内对于大面积开架的观念是：会丢书、会乱架，读者也可能不太适应。因此到了新馆是否开架阅览，大家当时心里都不是特别有底。所以我们就在6号楼做了大面积开架阅览和外借的试验。试验以后提取一些数据，就知道到底应该怎么在新馆里实施了。

6号楼我现在想不起来是哪年盖的了[①]。我觉得应该是从1982、1983年就开始做6号楼试验了。当时是拆了过去的老房子盖的6号楼，在里面为新馆做了一些试验，包括新馆的家具设备、业务格局和人员培训。因为新馆土建施工是1983年开始的，到了1984、1985年，大的业务格局就出来了，肯定要通过前期试验和调研数据来解决那些问题。新馆当时规划开放30个阅览室，其中新书80%—90%都应该是开架的。这么大面积的开架，上百万藏书开架借阅，馆里领导也好，我们搞业务的人也好，心里一点都没底，不知道到底会出什么样的情况。试验以后，得到大量统计数据，发现80%的读者看的都是近五年的新书。所以我们给馆里提了一个建议：能不能在所有的开架型阅览室里摆放中文新书、中文新刊，还有外文新书、新刊。尽可能放五年内的书，书的总量不要过大。这样的话管理上可能就会更科学一点。大家觉得这个建议还是比较可行的。所以在新馆开馆的时候，我们基本上是按照这些数据来布局和收藏图书的。

做试验的时候，我不记得当时到底有没有一个规划组，但是我们有几个人是被指定做这个事情的。我和王绪芳，我们俩都是在业务部门工作的。我当时在阅览部当副主任。馆里当时要求我们要对开架阅览做试验，所以我印象特别深。当时我们全是手工数条（借书条），没有计算机，就要一张条一张条数，一年一年的数据，成麻袋成麻袋地抱过来数。之后我们做过几个调研报告，得出一些结论来。我觉得当时的领导对这件事情非常重视。我们调研小组做完报告以后提交给他们，然后所有的馆领导都参加讨论。我记得当时刘季平馆长，

---

① 6号楼系1982年竣工。

还有鲍正鹄、谭祥金这些副馆长们都参加我们的业务讨论。比如说开架阅览室
到底放几年的藏书，设多少个座位，每个阅览室选什么名字，馆长都要跟我们
讨论。比如说我们当时提出叫中文新书第一阅览室、中文新书第二阅览室。有
的领导提出叫"解放后图书阅览室""解放前图书阅览室"。我说不行，阅览室
里书的内容会发生变化，所以阅览室不能经常换名字，我说就叫第一中文图书
阅览室、第二中文图书阅览室，这样书的内容怎么变都不怕。

新书阅览室到底是上架五年的新书还是上架十年的新书？这牵扯到编目
的问题。就是上架五年的书也好，上架十年的书也好，在编目工作中怎么给
区分开？不能仅按出版年来区分。所以我们对编目也做了试验。最后提出，
在图书书标的索书号上面，除了分类号之外还加了编目年。这样就知道一本
书是哪年编目的，到了阅览室以后就知道大概是哪年上架的。五年以后、十
年以后下架就方便了。我们现在的阅览室基本都是按这个规则进行管理的。
工作人员怎么上架和下架肯定是由编目来控制的。这样一些新的规则当时都
是通过试验提出来的。

我记得国家图书馆应该是1990年真正引进的MARC数据——机读目录格
式。在搬新馆前，可能是在1984年、1985年的时候，北京图书馆派副馆长孙
蓓欣和西文编目组长刘光玮去美国专门学计算机编目。因为当时美国最先进。
我们在老馆时都是手工编目，到新馆要实现计算机编目。他们学回来MARC
格式以后，北京图书馆在西文编目上做了一些MARC数据的试验，就是为了
解计算机怎么操作，了解MARC数据是怎么回事。在这个过程中我们就讨论，
从传统图书馆到自动化的图书馆如何转变？要买什么样的计算机？大型机怎
么控制？控制的流程是什么？比如采、编、阅、典，计算机都要控制的。原
来手工编目时的工作流程是购买了一本书，我们把信息写在卡片上，有采访
卡片目录、编目卡片目录、读者卡片目录、参考卡片目录等。现在信息全在
计算机里了，所以要了解计算机的构造。这实际上不仅仅是一个技术的转变，
而是观念的转变。就是说，工作人员要了解从传统卡片编目到计算机编目的
过程中，到底是哪些东西变了。

我印象最深刻的就是，原来12.5厘米×7.5厘米的一张卡片，按照国际标准，只能写很有限的信息。但是有了计算机以后，存储的信息就非常非常多了。很多检索点，比如ISBN号、题名、作者、出版年、出版地，还有一些特殊的检索信息，都可以特别充分地在计算机上著录。

这种情况下，员工就要进行计算机方面的培训，所以北图最关键的一个环节是自动化部的成立。自动化部成立以后，做了好多这方面的调研。比如说业务需求是什么样子的？自动化本身应该怎么做？我记得当时引进了日本的一台小型机，就在现在文津街老馆的2号楼进行试验。到了新馆到底引进哪种计算机？美国IBM的还是日本NEC的？后来觉得日本跟我们国内的情况比较接近，最后引进的是日本NEC的计算机。引进以后，全馆就开始进行培训了。

最开始的时候是自动化部的员工培训。当时调进来了很多计算机专业的新人，先对他们进行培训。其他各个部门的员工就是按阶段、按时间来进行一段一段的培训。比如我们的外借服务，现在可能觉得自助外借特别正常，但那时候没有掌握计算机操作，感觉非常复杂。所以我们派了阅览部外借组的两个人，我印象非常深，一个是任立平，一个是董曦京，派他们两个到美国去学习，把国外的外借自动化那一套系统全部都学回来。新馆开馆后，二楼的中文外借采用了自动化服务。在这种情况下，全员都要进行培训，不培训没法跟读者打交道。采编的人员怎么把数据录进去，到阅览部门以后怎么自助外借，都是先派骨干出去学习，回来以后再进行大范围培训。

三、胡沙（副）馆长与员工培训

当时胡沙（副）馆长（1983年5月至1987年12月任北京图书馆副馆长）是从国外回来的，从联合国教科文组织回来当北图副馆长。他的管理理念特别新。他先带我们所有部主任参观各大宾馆，告诉我们，如果达不到这种文明的程度，怎么能把图书馆做好？图书馆是一个文明的窗口嘛。因为我们接待国际上的读者比较多，全国各地的读者也比较多，所以他这方面意识特别强。他当时给我们的要求是，一定要有一个非常高水平的服务。他特别重视这个问题，所以就开始组织培训。

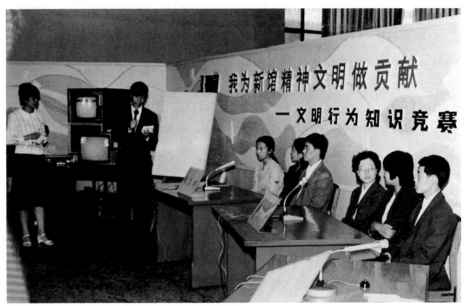

北京图书馆员工文明行为知识竞赛

第一个培训是什么？文明礼貌。他觉得大家文明素质不够，所以做文明礼貌培训。他下了特别大的功夫。一个就是要求我们业务处的人，写出图书馆文明礼貌用语，编写文明礼貌的小册子，人手一册。大家必须去读去看，学习完了就开始进行实际演练，在一线岗位上要体现出这些东西。胡沙副馆长还带着我们这些部主任到第一线去考察。有时候还考试，对一线岗位的工作人员一个一个进行模拟考试。比方说，我们几个部主任扮演那种特别刁钻的读者，表现出特别不好的行为，看员工怎么跟读者交流，怎么做好服务。还有表演节目，等等。用了好多种形式，来解决这些文明服务的问题。那段时间虽然很多馆员有时候也抱怨，但是总体上大家都觉得有了这种培训以后，要求提高了，大家的文明礼貌和服务意识也增强了。

当时对员工穿衣服都有要求的。胡沙副馆长主管的时候，馆里第一次给馆员做了馆服，原来没有馆服。做了馆服以后，就要求男同志白衬衫也好，蓝衬衫也好，必须非常整洁。他说，在一线岗位工作的员工上班的时候必须要达到这样的要求。办公室的每一张桌子上，只能放该放的文件。乱七八糟的东西，抹布什么的不许乱放。包括笤帚放哪，这些他都有要求。他提的要求特别高，所以员工整体的文明程度就提高了。特别像北图的厕所，后来好多读者说，北图的厕所真的维护得不错，这么多年都维护得特别好。这都是胡副馆长的管理和服务理念。

他还注意对干部的培训。我印象特别深的就是他对我们部主任和科组长的培训。他首先从管理上告诉我们应该怎么去管理。我记得他有一句话："所有的干部必须接触第一线，不在第一线工作，你就不知道你的业务应该怎么做。"他提出来的部主任必须有30%的时间做一线的业务工作，科组长必须有70%的时间做一线的业务工作。就是说领导如果没有这个经历，根本没法去管理。我觉得他这个提法是非常到位的。到现在为止，我也是这样要求我的员工的。我现在手下的有些科组长，就光命令别人，自己不做。后来我说，你知道那定额对吗？那质量有问题吗？你检查过吗？最后交出来的工作都不合格怎么办？我理解的就是，当时胡副馆长通过这个事情让大家建立起一种管理理念，就是应该怎么去管理业务工作，怎么管理团队。他提了很多要求，对我的管理工作有很大帮助。所以到现在为止我自己还是这么做的。任何一项工作我都先做。我必须会做，知道工作是怎么样的，然后我再去给下面的工作人员安排，及时发现问题，解决问题。

那时候对于员工对读者的态度，馆里的要求也是非常严格的。一线员工压力非常大。馆里要求有问题解决问题，不允许员工跟读者发生争执。胡副馆长当时都要到一线去检查。馆里当时一千多人，工作人员也不一定都认识他。他到时候会提问题，"我要什么什么的"。当时对阅览服务一线的人员还规定，接待一般的读者，员工可以坐着，但是接待贵宾或者馆长陪同的一些来访者，必须起立，等等。这些都有要求，非常注意细节。

他提的另一个要求是，除了馆里规定的区域，馆里的墙上不允许挂任何私人东西，不允许挂任何标语。这一条国图一直做得特别好。从搬入新馆开始，真的没有像别的单位那样，什么乱七八糟东西都往墙上到处乱贴。这个是胡副馆长当时立的规矩。任何地方不准乱放东西，馆里同意才可以。在新馆开放的时候，馆里立了很多这方面的规矩和要求。

四、大搬迁

盖北图新馆的时候，我们几乎两三天就得进去新馆工地一次。因为业务人员，包括他们的施工人员会经常问我们，比如说柜台放在这个地方合不合适？还有窗户的问题，桌椅的问题，电源的问题，等等。我们规划办的人经常要进到新楼里去。阅览室太多了，那么大个楼，几十个阅览室。

没搬进新馆以前，我们就在工地旁河边拆迁留下的平房上班。在新馆这边上班的主要是负责基建的人员。我们做业务规划的有几个人好像固定在新馆这边办公。我当时一半在新馆这边办公，一半在老馆。

对于每个阅览室的规划，当时由馆里制订大的方针政策。比如我们要建多少个中文阅览室，建多少个外文阅览室，怎么布局。我们提出方案，馆里讨论。首先就是整个的业务布局。当时我和华定生老师负责业务布局，把所有的阅览室都要布局好了。比如说一个阅览室多大面积，放多少桌椅；开架阅览室里书架是多少，书是多少；阅览室的具体布局怎样，要多少家具……全部都要安排好，才能定家具。家具定制的时候，我们也参与了一些工作。比方说，家具的舒适度和尺寸，是否适用于儿童阅览室，是否适用于残疾人阅览室，等等。这些当时都是要考虑的。当时跟谭副馆长还去了好多地方考察家具厂，定做这些家具。

另外像自动化设备也有专门的一个组，讨论自动化设备进馆以后应该怎么办。新馆开馆后，中文外借是最先开始服务的。中文外借图书量比较多，有900平方米的阅览空间。开架以后书上怎么贴防盗磁条、条形码刷卡怎么弄，整个一套设备，专门有一个小组管这个事情。当时我没管这个，我管阅览室布局这块。

最发挥智慧的时候就是做规划的时候。比方说，北图有好多部门，我们当时有中文采编、西文采编、东方语文采编；报刊部有中文期刊、外文期刊等。为什么要盖新馆？就是当时空间已经特别紧张了，好多东西已经没地方放了。所以我们要根据当时的工作量，还有进馆人数的量，每个部门的空间来安排布局。我们业务规划组特别忙，要一个房间一个房间去量。每个房间大约能放多少桌子多少椅子，书的流通怎么办，目录柜怎么办，都给它安排好了。这种内部的业务规划某种意义上说相对还好做一些，因为它比较明确。我记得我们在业务规划的时候，做了一个大的规划，是说1987年以后可能到2000年吧，每年的进书量控制在100万册。这都是有统计数字来支撑的。100万册中，中文多少，外文多少，期刊多少，这都有比例的。划分完比例，就要跟各个组长谈，看他们搬到这个空间以后，在多少年内这空间要够用，不能说现在够用了，过几年就不够了。图书馆的书在不断地增加，工作人员也得增加，进人也得规划。原来10个人，现在到新馆需要20个人。所以还要跟人事处谈，告诉他们要招聘人，要学日语的、学阿拉伯语的……这些规划实际上都是在业务规划组的整体的布局下，先做大的，后做小的，一个环节套一个环节，最后讨论定下来。有一整个方案，然后各部门各司其职干自己的事情。

阅览室布局完了，家具做完以后，紧接着就是搬迁的指挥了。整个旧馆的东西要搬到新馆来。我们先是做了一个全馆的规划。每一个组，首先要汇报自己需要搬的东西，就是自己的家当。需要多长时间、多少车位，都得算好了。同时还要承担馆里搬书的工作。因为书特别多，搬书不能只让书库的人干，肯定得是大家合作。当时规定每个科组要去书库打包多少，都给分好工，要打捆多少架，每捆多高多宽。因为书大多是32开、16开，我们全都规定好了的。那时候我与华定生管这个事情。我们去检查，打得合不合格，松没松，散没散。打包的事情做好了以后，我们就算出来，一共要多少车。怎么搬呢？集中运送大批量图书，有运输工具的问题。所以当时请的北京卫戍区的解放军战士给我们搬。因为押送过程中有些善本、有些比较珍贵的书，也不想让人家随便动。战士们纪律比较严明，所以他们是负责中间这段。装车是各科组装，到新馆也有派过去的各科组的人负责卸下来，中间是部队的人帮着搬运。因为白天马路上车多人多，我们全是晚上运输，晚上八点钟以后。就是军用卡车，带篷的那种。我们都是用牛皮纸包书，包好了以后装到箱子里，然后直接就运到新馆，那边有人指挥卸车。全馆那时候的指挥工作，我觉得做得特别好。

我记得老馆是1987年5月1号闭馆。闭馆以后，全馆的人员都统一安排，除了老弱病残，有些不能参与搬迁的人就当保安，就是在门口或其他地方值班。因为工地里头工人特别多，比如安电线的、安地板的，什么样的工人都有。我们的书还是希望安全一些，所以让一些身体不太好的老同志，当保卫值班。比如，万一书掉了一本该怎么办，得有人监控、管理。我们成立了青年突击队。中年的同志还要组织新馆和老馆两头的工作。那时候安排得特别井井有条，专门有一个指挥部指挥搬家。

当时没办法，搬家的期限是从1987年7月1号到10月初。我们自己定的时间是10月1号前完成，就是7月、8月、9月，三个月时间要把所有的书搬过来。当时的工作量是非常非常大的，我们又在第一线指挥。后来成立两个青年突击队[1]，当时都是二十多岁的年轻人，从各个部门抽人。我记得是姚家华还有马小林，一人带了一个突击队。在我们盖好的这个新的办公楼，给大家弄的板子，在上面可以休息。因为晚上有时候要接车，就是不管是书还是家具都要晚上接，所以我们突击队很多人就不能回家。有些同事可以两三天回去一次，我就在第一线盯着，我不能走。因为所有的计划都排得特别满，我大约两三个月不能回家。我就是每天住在行政楼的五楼，因为当时也是夏天，就住在五楼那个地方休息。一般是晚上八点钟以后再接车。白天不能接，白天不让搬运。

---

[1] 关于青年突击队的具体情况请参见韩德昌、马小林与姚家华的口述。

五、新馆开放

当时新馆盖起来，最热闹的就是馆外的人来参观，人太多了。馆内的人特别是很多老同志，在文津街老馆工作得非常习惯了，挺留恋的。其实我们也挺留恋文津街老馆的。老馆紧邻北海公园，我们觉得那地方特别好，在城市的中心，当时去什么地方都特别方便。因为那时候北京的建设还不像现在这种大面积地建房子，所以大家还是觉得文津街那个地方比较方便，愿意在那边上班，觉得到现在北图新馆上班好像挺远的。后来为了方便员工在新馆上班，北图在金沟河、大柳树那边建了家属院。

新馆开馆的时候外地来参观的同行特别多，因为这是中国图书馆界的一个大事。我记得当时所有的省市图书馆，包括有的县图书馆的人都来参观，所以我们特别忙。我们专门成立一个接待团队，成员都是我们这些当时参加规划的骨干们，因为熟悉嘛。当时好多工作人员进新馆的这个楼都找不到门，自己办公室都不知道怎么走，因为里面的楼跟楼都是互相连着的。当时我们大约是16个人，由刘惠平带着，当时她是党办副主任，她管这个事情。我们接待专业图书馆人员比较多。一般人就是看一看建筑。省馆、市馆的馆长和部门主任什么的，我们就要给他们介绍新馆的整个情况。我记得我最多的一天接待了16个参观团，就是相当于16场，从头到尾都得跟着，而且得特别热情地讲解我们这个馆的特色都有什么。

大家当时感兴趣的可能是那些比较先进的东西。一个是新馆的轨道运书小车，就是传送书的小车。这种小书车现在看着也挺好的，它实际上是国外银行传送传票那样的。但是它在图书馆的功能是，读者提出需求后，马上用小车把条送到16层、17层书库，工作人员再把那书传下来。这样中间不用人来回跑，每层固定有人值班，有五六个人，他们就管取这一片的书。那个轨道小车特别先进，大家都特别感兴趣，都说特别好。我个人感觉它最到位的是什么？它是自找平衡的。这车挂在一个轨道通道上走，它可以立起来，还能翻过来走。它是自找平衡的，这是它的核心点。就是车在书库各层及传送带上转来转去，就算这车翻过来，里边装的所有书都不会掉出来，书条也不会掉出来。这是它的最大特点。

大家还有一个特别感兴趣的就是北图当时的计算机管理系统，当时在国内可能是不多的，所以图书馆界感兴趣。北图的自助外借服务在国内算开创性的。我们从国外引进过来整个一套系统的操作。大面积开架，大面积自助，等于读者从书架上拿了书到电脑上一刷一弄就可以走了，大家就觉得特别先进。这些可能是当时大家关注比较多的地方。

刚开始大面积开架的时候，馆里担忧特别多。后来我觉得大家也就习惯了。其实我们在老馆，很多阅览室也丢书，也有个别读者撕书，管理上就得加强人工管理。到新馆来了，有的大的阅览室，我们也担心。那时候还没有摄像监控，所以也得靠工作人员严格地巡逻管理，发现一些不良现象就去管理。后来，我们把书按照五年一下架或者六年一下架。下架以后，比如我们进了10万册书，下架以后丢了多少、坏了多少、损了多少，都要做统计分析的。国外曾经有一个报道，说一般外借阅览室丢书率在千分之三以内，就是1000本书丢失不超过3本的，管理就算不错。北图当时的外文新书开架阅览室丢书率只有千分之二。我印象特别深，因为我在业务处搞过统计分析的。外文阅览室读者本来就不多，能看懂外文的也不多，以高科技人员为主，应该说也比较规矩吧。我们的中文新书阅览室的丢书率，我记得突破千分之五了。特别有规律的是，通常认为可能读者感兴趣的书就是损坏和丢失率高的，读者不感兴趣的书肯定丢书率就没有那么高。事实也是这样，丢书率最高的你知道是什么吗？外语书！还有好像是计算机方面的书。好多人可能是为了考试。这些书要不给撕坏了，要不丢了找不着了，丢书率高到千分之二十多。其他的书倒没有这么高的比率。因为我们工作人员也有监控管理，也有巡逻管理，相对会好一些。

我当时可能还算年轻吧，还是挺兴奋的，对未来的新馆充满憧憬。但是北图当时的工作人员没有那么多。为了1987年的新馆落成，我记得是招了800人。新招进来的人，要不然得有工作经验，要不然就是学历符合我们图书馆的这些新的学科，或者新的要求。

招聘的时候大约是在1986年到1987年上半年。我印象就是很多知识青年回城，就是我们这样的。我是到兵团去的，不叫插队。我是1969年15岁的时候去兵团的。我比较幸运，后来上大学了。但是好多同学就留在当地了。后来国家有政策可以回城的时候，有一批人进来北图。还有一些当时的应届毕业生，也不少。两年内陆陆续续进了800多人。当时由每个部门自己招人。比如我在阅览部当主任，领导问你们需要多少人，我们说差30个人。那就招吧。人事处发通知。发完通知以后，人事处先面试，之后我们面试。当时我和张尚同志一块招人。他对年轻人的要求特别高，就是要求衣着特别整洁。当时因为改革开放以后，有的人穿戴也比较随意，戴着耳环什么的。我们那老张说不行，这样的人咱们不能要。还有就是写字要求写得特别好。因为原来卡片都是写出来的，他说字写得歪七八扭的不行。我说这也不是绝对要求。反正，招人的时候可热闹了，全馆各个部门都要招一些人进来。

当时报名的人特别多，我们还得挑。现在招人也是一样，多少报名的！但是一般人对图书馆不了解，就觉得图书馆这个地方好像特别安稳，工作特别舒服，每天能看书。我说，不是像你想象那样的，你进来以后就知道了。我们对他们讲得非常清楚，图书馆有大量的书要进行搬运、要处理，有时候半体力劳动也很多的，不是想象的那样每天坐那就看书的。

我觉得一般人对图书馆工作，了解不是特别深，就是觉得有个岗位就可以了。好多人是那么想的。

六、寄语年轻馆员

我们这一代人可能接受的教育和现在的不太一样。从小的教育就告诉我们说，要"干一行爱一行，干一行钻一行"。我印象特别深的那句话就是"做一颗螺丝钉，把你拧在哪个地方，就在哪个地方发光"。我个人认为，职业教育很重要。另外，我上大学学的是图书馆学专业。老师告诉我们是说，图书馆学专业的人是专门为别人做嫁衣的，就是你不是自己要成就什么东西，你是要为别人服务的。图书馆可能不是那种简单的服务，我们这种服务是有知识含量的服务。这两点可能对我人生和职业影响非常深刻。我一直是朝着这个目标去努力的，我觉得我是这样做的。

另外，图书馆工作，可能大家对这个职业内涵的理解还是不够，就觉得图书馆不就是每天给人家编点书、上点架，阅览室看点书。其实要真正地去理解图书馆工作，当个图书馆员也挺值得骄傲的，也挺不容易的。作为图书馆员本身就是要对图书、对知识，现在叫知识组织，要有一种敬畏吧！就是从图书的采、编、阅、典、藏，长期保存，到为公众服务，长期服务。每做一项工作，对工作流程要熟悉。这是职业上的要求。我觉得现在很多工作人员就觉得自己干的这个事情太琐碎了、太平凡了，可能不太容易钻进去，没有职业规划，没有奋斗目标。但是我还是挺欣慰的。两年前，我去了一趟杭州的灵隐寺。在灵隐寺开了一个佛教分类法的会议，当时我作为专家被请去的。因为我退休了，是其他单位聘我去的。当时国图也去了一个年轻人。我不认识这个年轻人，但是这个年轻人在会上的发言让我特别兴奋。我觉得国图的接班人还是不错的。他对佛教资源的理解，对佛教分类法的理解，他当时做分类的时候有什么想法，都说出来了。我觉得这个同志虽然工作没有几年，五六年，但是他钻进去了。所以我就觉得我们的馆员一定要干一行爱一行。今天在这岗位上工作就把这事弄明白了。如果明天不做了也可以，因为现在有很多选择。但是不能大事做不来小事又不做，我觉得那样是对自己人生的浪费。

另外，还有一个就是图书馆的工作是信息管理工作。图书馆是长久的、专门进行人类文化遗产保存的机构，所以我们做任何事情都要规范化、标准化。这个意识我们强调得还不够。采书也好，编书也好，计算机处理书也好——到了计算机里，知识关联也好，实际上这些东西的标准化意识都要特别强。这样才能够保证所做的工作未来多少年不落后，避免白做了。这个我觉得目前强调得不够。1985年中国的文献标准化委员会成立的时候，我是成员之一，代表国图参加过一些活动。文献标准化委员会要求图书馆工作人员具有较强的标准化意识，图书馆工作实施标准化特别重要。比如几千万册的书放到书库去了，怎么能找到，如果书号弄错了就找不到了。编目数据不规范，就无法交换与共享，所以图书馆如何科学管理是特别重要的事情。

还有一点，要研究工作规律，创新工作方法，提高工作效率。我讲一个特别典型的例子。我不知道你们在书库里搬过书没有，那个活是特别重的体力劳动。图书馆的书是分类排架，ABCD类往下排。新书按分类号上架，如果预留空架不够，排完了以后，过了一段时间架子满了，就得倒架对不对？当时搬到新馆的时候，领导也给我们提出这个问题。好多书库的人抱怨，说我们天天跟搬运工似的搬书。后来我就提了建议，所有书库分类排架的书，按照编目年集中排列，每10年或20年做一个区域管理，解决大面积倒架的问题。比如2000年以前的书我把它"卡死"（截止）了，按ABCD排序；2001年开始，再重新开始排序。每过一个十年或二十年重新排一次，这样最起码前面的书不用搬了。我提过这样的建议，后来国图新馆采纳了。这就是说，我研究这件事情了，认真琢磨了，怎么在提高工作效率的同时又满足要求，又为未来的百年大计考虑了。其实想象一下，如果这书从一百年前就开始ABCD往下排，错误率、错架率、倒架率……会更高。但是我提出按时间区域排架，在这些书尽可能少动的情况下，整体的上架下架的错误率就不会很高。这个事情我是做了很多研究的，所以得出这个结论。现在很多图书馆都采纳这种方案了。

还有彩色书标的问题。当时我提出来用彩色书标。国内有一家做彩色书标的，我去调研过以后跟馆里提出来。除了分类标志以外，我们给每个类都贴了一个彩色书标。在一个大阅览室的几十架书里，远远地一眼看过去，就能发现某种不同颜色的书肯定不应该放在那里。这样可以帮助读者很快纠正错误，管理效率也高，工作人员的劳动强度也降低了，不用拿眼睛看索书号，因为索书号往往被磨损得非常厉害的。我当时设计了一套体系，之后申请了专利，有五年的保护期。国家图书馆用了几年。现在有的图书馆还在用，国外也有在用的，都是认为在人少进行大面积管理的情况下，可以用这种方式解决图书类目的标识问题。这都是我在实践中体验出来的。

另外我觉得，实际上图书馆工作和任何工作都一样，90%的工作人员都是在第一线做具体工作的，不可能所有的人都是那种阳春白雪搞研究的。真的！这个是有阶梯性的。但如果这个人具备钻研水平，可以走这条路。如果到不了这个水平，我个人的观点就还是先扎扎实实、老老实实把自己该做的事情做好。每一天的工作都能够交一个好的答卷。

采访手记　　　富平是最初国图馆史办公室交给我的那份口述采访人名单上唯一一个在国家图书馆退休的老员工，而且她目前依然天天在馆里上班。我自2007年入职国家图书馆，已经过去10年时间。尽管经常听到这个名字，但可能是业务或其他方面实在没有交集，所以，在2017年4月老员工座谈会之前，我从没有见过富平主任。

2017年6月29日，我电话联系富平主任，约好7月3日上午采访。这将是"30周年"项目的第14个专访。我在那天的日记里写道："这事情正在接近尾声。"天有不测风云，3日早上得到消息，事先安排好的负责摄像的东亮发烧，而另外一位摄像赵亮因为早上锻炼跑了10公里，可能要晚到。偏巧那天我到得也不早。只能用狼狈来形容那天早上的情形了。不过，好在富平主任到达之前我已经等在综合楼门口了（窃喜）。

富平主任非常健谈，语速快且流畅。因为她从1975年入职后长期在业务处工作。当时北图新建馆舍面积比老馆大了好几倍，馆里首先面对的就是新馆建成之后的业务规划问题。她说，当时他们做了大量的调研和试验，后来又在文津街老馆的6号楼按照新的业务格局与方式做了一系列的试验与尝试，比如开架阅览，还有新旧书刊的典藏等。当时还没有计算机的帮助，数据统计完全依靠手工完成。他们将整麻袋整麻袋的数据进行汇总统计，然后再分析，最后逐渐形成了后来的业务规划。

国家图书馆研究院组织国图老馆员座谈并合影

　　新馆要有新风貌，馆员的培训也是一项重要内容。富平主任介绍说，当时曾担任过中华人民共和国常驻联合国教科文组织大使衔代表的胡沙调来北图任副馆长。为了迎接新馆的开放，胡沙副馆长特意带领相关人员四处参观学习，然后回来制订规章制度，进行全员培训。记得之前老馆员座谈会的时候就有提到，当时不仅要求馆员注意仪表整洁，对接待读者也有一套相应的要求。比如，回答读者的提问要起立，不能回答不知道等。富平主任说，当时业务处编写了图书馆文明礼貌用语，还有文明礼貌的小册子，人手一册。大家必须去读去看，学习完了还要进行实际演练，进行现场模拟考试。回忆当时的情景，真是热火朝天，激情澎湃。

中国记忆团队采访富平主任

采访的最后，我请富平主任作为一个资深的图书馆工作者给我们这些后来的新员工一些寄语。她说："我就觉得我们的馆员一定要干一行爱一行。"

整理照片的时候才发现，那天因为东亮发烧，临时补位救场的是韩尉。所以，表面上看好像这个"30周年"的项目是我一个人在负责，其实背后还有很多同事的大力支持。我们国家图书馆中国记忆中心是一个团队！遗憾的是，好像在口述采访室采访总是忘记拍合影。好在之前研究院座谈会的时候我们和富平主任有过一张合影。

业务工作的恢复与发展

受访人：黄俊贵
采访人：李东晔
时间：2017年5月1日
地点：中山大学图书馆学人文库，广州
摄像：赵亮、谢忠军
其他在场人员：马涛（国家图书馆研究院馆史资料征集与研究室主任）

黄俊贵，1936年出生。毕业于武汉大学图书馆学系。1961—1990年在北京图书馆工作，曾先后担任采编部副主任、阅览部与中文采编部主任。1990年调任广东省中山图书馆馆长。从事文献分类、编目及审定工作二十余年，组织我国文献著录标准的制定工作，起草国家标准两个，主编《中国文献编目规则》，是我国文献编目学科带头人。

一、北图情深

今天非常高兴，能在"五一"这个节日，接受来自国家图书馆同人们的采访。我常常跟人家讲，国家图书馆是我的母馆，因为我在那工作近30年，很有感情。我这个老家伙，一讲话就激动。我在广东就工作了8年，我来的时候已经54岁了。我在北图的老同事，很多都已经离世了。现在还活着的，我们经常通通电话，大家都挺好的。

后来我调任广东省中山图书馆（现广东省立中山图书馆）馆长，有时到北京开会，会到国家图书馆看看。因为时间很短，只是走马观花地走一走。后来，2000年还是2002年的时候我回去过一次，还是走马观花。现在我对国图的情况很陌生，只是通过看资料，或者听别人介绍，了解一些。我觉得现在国图不仅仅规模在扩大，内涵也在充实。我1961年分配到北图工作，那时候只有四百多人，现在有一千多人了。人很多，发展很快。

二、回忆刘季平馆长

大概1973年，刘季平到国图当馆长。刘季平来之前，复旦大学的教务长鲍正鹄刚刚调来当副馆长。然后搞"老中青"三结合，谭祥金上去了。以后（1978年），为了建设新馆还调来一个李家荣，建设部调来的。

我觉得刘季平是一个很值得我们怀念的老同志。他跟当时文物局图书馆处的胡耀辉他们策划搞过一个图书馆工作汇报提纲，向中央书记处汇报。建议在国务院下头设立一个图书管理局，或者是在文化部设立一个图书馆局。后来中央书记处会议的时候，就提出了他们的这个图书馆汇报提纲，而且提出，以后全国图书馆事业不一定要设立行政管理机构，而是把图书馆作为一项社会文化事业来进行管理。

刘季平有两个图书馆建设理念很好。当时百废待兴，图书馆要振兴，要开展业务了。这位老同志看得、抓得都很准。当时叫做"抓一线，促二线"。刘季平提出这个口号，就是要抓服务，促进内部工作。后来就开始拨乱反正，清理馆藏，扩大开放。特别是恢复高考的时候，那个时候我担任阅览部的主任，那是真忙！每天图书馆还没有开门，读者就都在那排大队，门都要冲破了。有时候还为争先进馆打架什么的，我们一线工作人员就得维持秩序。我觉得这一点实在是值得人记忆的。当时改革开放以后，读者爆棚，刘馆长提出："服务社会读者是图书馆的天职。"

当时图书馆人员的情绪不是很高，体制又没有解决，待遇很差。所以刘季平还提出一个口号，好像是四个字——"抬头乐观"，就是让大家要抬起头来、振作起精神来，高高兴兴地从事我们的图书馆事业。这个老同志很会做思想工作，理解从业同人，很值得人怀念。

他后来率领中国图书馆代表团访问美国，以后又访问了英国。我觉得这两次出国非同小可，影响很大的。当时国际上对中国颇有微词，他不卑不亢，应对自如。他回国做报告，反响很好，我印象很深的。后来他着力抓自动化建设，抓新馆建设，成绩显著。

1987年4月30日北京图书馆闭馆搬迁前一天清早排队等待进馆的读者

三、业务工作的恢复与发展

除了刚才讲的拨乱反正、清理馆藏、抓服务以外，还有就是基础工作的恢复，联合书目工作，并开展全国中文图书的统一编目。原先用的是传统方法，不是标准化的。大概在1977年，由我制订了一个《中文图书编目规则》。

1977年，提出目录实行汉语拼音检索。不要小看这件事情，这个是我提出来的。当时觉得中文目录按笔画笔形来排检局限性很大，每个人的书写习惯不一样，很多人不知道哪个笔画先起笔哪个后起笔，对于笔形也不理解。比如"公元"的"元"字，起笔是点还是横，很多人搞不清楚，那又怎么用呢？我们中国的汉字改革非常重视音序，而且汉语拼音方案已经被国际标准化组织认可了。我觉得要走向世界，让外国人也可以利用这个检索，国家图书馆应顺应读者检索习惯与国际标准。经馆领导研究认可，对中文目录排检方法进行改革，实行汉语拼音检索。这个工作量非常大，我们用了两年时间。我那时已经担任中文编目组的组长了。有一个不能不提及的同人，叫王凤翥，原来是北京大学图书馆学系的讲师，后来到我们编目组。我跟他关系挺好。大家都叫他王大哥。他带领十几个人，成天在目录室里对数十个百屉目录柜的笔画笔形排列卡片进行汉语拼音排序的改排。排法就是先按照拼音的顺序，再按笔画顺序，完全是手工排。这个就是后来搬到北图新馆的那个目录的基础，奠定了我们国家图书馆检索的格局。

1979年以后，我就很忙了。因为我们国家1979年参加了国际标准化组织ISO，其中有一个文献工作标准化技术委员会，就是ISO/TC46，其下又有10个分会，其中有3个分会准备挂靠到北京图书馆。一个是文献主题标引委员会，刘湘生、李兴辉他们做的；第二个是文献著录委员会；第三个是文献的物质保护与缩微委员会。这三个都挂靠到北京图书馆。所谓挂靠就是分会的主任需要由北图的人担任。当时谭祥金找我谈，馆里决定要我去当文献著录委员会的主任。我说我的外语不行，现在在国际标准化组织ISO有很多的文献我都拿不下来。我就推荐了一个中科院图书馆的副馆长阎立中当主任。他外语很好，经常出国交流，跟我一直配合得很好。我们这个分会做了十几个国家标准，其中最主要的两个标准是由我起草的。一个是《文献著录总则》，现在所有的文献著录的规则都是按照《文献著录总则》来的；还有一个分则，就是《普通图书著录规则》。以后就发展了，又有《古籍著录规则》《地图著录规则》《非书资料著录规则》《连续出版物著录规则》等各种规则，都是我跟阎立中两个人主持制定的。1980年《文献著录总则》就出来了，这样，我们国家图书馆书目中心的作用就突显出来了，也促进了人才的成长。

从1987年开始，北图前后引进了日本、美国的大型计算机系统，分别对中文、日文以及西文、俄文书刊进行处理。当时的计算机编目，主要是朱岩负责。软件是自动化发展部他们搞的，由采编部具体操作。当时有一个很重要的项目，就是我们采编部和自动化发展部搞的汉字属性词典及其软件系统，1987年获得了国家科技进步三等奖，文化部一等奖。参加这个工作的人很多，但是拿奖只有我跟朱岩两个人。现在我们很多的文献检索用的都是这个属性词典，部首、笔画笔形、四角号码、音序都可以应用。当时我参加了笔画笔形跟四角号码的工作。这里有一个老专家必须得提一下。在排检的音序、笔画笔形工作中最后把关的是朱光瑄——朱芊[①]的父亲，他是商务印书馆的老前辈。当时对于这个项目是不是应该立项有争论，有两派意见，有些人说北图做不了，算了！我坚持要做，而且必须尽快动手，据说商务印书馆也想做。我说我们做，如果我们不懂就请教专家。然后我们找了朱光瑄商量，朱光瑄满口答应，"大家一起来学习学习"，他人挺好。

采访手记　　黄俊贵馆长原本并不在这次"30周年"口述史项目的受访人名单上。2017年4月21日，在国家图书馆研究院与几位当年亲历了新馆建设的老同志们座谈之后，我们觉得有必要加上黄馆长。因为他自1961年从武汉大学图书馆学专业毕业到北京图书馆工作，直至1990年调任广东省中山图书馆馆长，期间先后担任过北京图书馆阅览部主任与采编部主任。这都是图书馆的核心要职。

4月21日当天我即与黄馆长取得联系。接下去的几天，我又跟他电话、短信沟通了几次。4月30日下午，我和同事赵亮、谢忠军一起前往位于广州市中心地带的广东省立中山图书馆拜访黄馆长。我们前去拜访的目的，一是当面沟通一下，另外也想选择一下采访地点与拍摄环境。

如约到达广东省立中山图书馆后，黄馆长带着我们穿过外面的馆舍，后面一个庭院里面有几间会客室样子的房间。一个年轻人帮我们打开了其中的一间。

---

① 朱芊（1950—　），国家图书馆研究馆员。曾任国家图书馆中文书目数据库标引总校、副主编。

我们坐下来简单寒暄两句之后，黄馆长问我们是不是都是在国图工作，并说："看到从北京、从国家图书馆来的同事我就有些激动！我在北京工作近30年，到现在，我常常早上醒来的时候，都有些恍惚，不知道自己是在北京还是广州。"老人坚持第二天一早要自己去中山大学接受采访。我们简单落实了次日见面的时间地点之后就与老人挥手告别了，他一直送我们到大门外。

中国记忆团队采访黄俊贵馆长

令人十分尴尬的是，第二天早上，我们都起晚了。中山大学校园如此之大，而我的自行车技术又有些差。于是，我只能一路狂奔着去往前日约定的地点。不想，刚跑到中大校训牌南边，就听到有人从后面喊我。原来是黄馆长大声击掌，示意他的位置。

头一天晚上，我馆研究院的马涛老师也从北京专程赶来了。因为马老师较我们年长，了解的事情也多，不知道这是不是再次勾连起了老人家的思绪。采访开始，黄馆长说："今天非常高兴，能在'五一'这个节日，接受来自国家图书馆同人们的采访。我常常跟人家讲，国家图书馆是我的母馆，因为我在那工作近30年，很有感情。我这个老家伙，一讲话就激动。我在广东就工作了8年。我来广州的时候已经54岁了。我在北图的老同事，很多都已经离世了……"我在感动与感慨之余，暗自庆幸我们用影像记录下了这位图书馆前辈真实感人的瞬间。

中国记忆采访团队广州采访结束后合影（前排左起：黄俊贵、赵燕群、谭祥金）

采访一共进行了2个小时，老人饱含对国家图书馆、对图书馆事业的关怀与期望，从方方面面给我们讲述了他的所思所想。采访当日正值"五一"劳动节，一群毕业的学生回来中山大学看望谭祥金、赵燕群二位老师。我们采访结束后，也就一起加入了他们的聚会。最喜欢这张与黄、谭、赵三位图书馆前辈的合影，喜欢他们那真诚的笑容。

大搬迁

受访人：韩德昌
采访人：李东晔
时间：2017 年 8 月 10 日
地点：国家图书馆口述采访室，北京
摄像：陈泰歌、谢忠军

韩德昌，1945 年出生。1963 年到北京图书馆工作，1992 年调入国家行政学院图书馆任馆长。北京图书馆新馆建设期间先后负责业务规划与搬迁等工作。

一、新馆建设的过程

我 1963 年到北京图书馆工作，当时也就十八九岁。如果说我们新馆的筹建，那应该从 1964 年就开始了。1964 年之前，我们的藏书已经分散到全北京市各个地方，比如北海公园的快雪堂（原松坡图书馆）、柏林寺，以及故宫博物院的神武门楼上都有我们的藏书，很多地方已经不够容纳了。所以 1964 年，副馆长丁志刚、左恭就已经开始筹建国家图书馆的新馆了，那时候叫北京图书馆。

最初选址在景山东街一直到美术馆这一大片，都划给北京图书馆了。但当时有一个困难，那里有一个名人故居和两家工厂，怎么安排？这个问题一直都没有解决。当时的图纸基本上是清华大学建筑系的同志给我们设计的，草图全都出来了。后来因为"文化大革命"，这件事情就没做下去。一直到 1971 年，刘岐云副馆长带着几个人，其中也有我，又开始筹建北京图书馆新馆。那时候请的是北京建筑设计院的同志来设计的。设计院的同志和咱们馆的同志一块去东北、华东、华南都进行过考察，开座谈会，征求各地主要图书馆的同志们的意见。

后来，我记得好像是给我们指定了八块地方，这八块还不包括紫竹院这一块，任我们选择。这八个地方，其中一个是北京火车站的对面。那里原来是块空地，是一个汽车公司的停车场，没人占也没有搬迁问题。再有就是西单体育场附近，当时那也是一块空地，也没有搬迁任务。但这两个地方比较热闹，不太好管理，对于图书馆建设来讲有点不太适宜，馆领导就没同意。我们最中意的地方是现在儿童医院旁边月坛体育场的位置。当时那里正在修二号线地铁，在露天修建。虽然大家认为那个地方最好，但选址的时候那里非常乱，也不知道将来会发展到什么程度。没想到现在发展得这么繁华，交通这么方便。当时看不到这一点，所以还是没有选中。其他还有几个地方，包括天安门的两侧，就是现在人民大会堂的南边跟革命博物馆（现国家博物馆）南侧的两块建筑用地，当时都有利用地下通道把它们连起来的方案，甚至都报到中央去进行审核了。还有东单体育场、西便门、柏林寺拆建、文津街馆西扩等选址方案。一直延续到1973年，才开始筹建现在这个位置的新馆。当时的馆长是刘季平。我印象最深的是，他曾经率领一个代表团去访问欧美，主要就是考察图书馆的建设，收集了大量世界重要图书馆的图册、图纸和内饰，很多很多。回来以后我们都看过。

到后来，应该说这个新馆之所以能够落成，还是在谢道渊、胡沙、李家荣、谭祥金等几位副馆长的努力之下。新馆建成很不容易，包括选址、经费、方案等。图纸后来在北京市进行展览，征求广大读者的意见。几十个方案，最后选择了这么一个折中方案。这个过程一直断断续续，因为我们打的报告也特别多，走的程序也特别多，又牵扯很多问题，一直批来批去。直到1983年，我记得不是1983年9月就是11月才动工。最初我记得原计划是准备用5年11个月建成，也就是到1989年底落成，实际上提前了。国务院副总理万里1986年11月去视察新工地，提出了几个"一定"，即"经费一定要保证，质量一定要第一，明年7月1号一定要竣工，10月份一定要开馆"，提了这么几条意见，那一下子竣工时间又往前提了。原来的计划是按照5年多来做的，他讲完话以后就只剩下半年多的时间。那时候基建在抢工期，增加基建人员。我记得工地上的工人一下子增加了一倍多，那时候承建的是三建公司。我们所有的工作都得往前赶。所以说，给我们留出的搬迁的时间就很短了。

二、搬迁规划与准备

我原来在规划办公室业务组，跟李以娣、王绪芳、郝守真、张尚，包括后来富平他们几个在一起，我在规划办待了一年多一点。大体上图书馆的业务布局做完了，谭祥金副馆长就把我调出来，开始筹备搬迁。

北图搬迁怎么说呢？对于我们每一个在图书馆工作的人来讲，都是一件大事。可是在我们整个国家图书馆百年的业务工作过程中来讲，它只不过是一个很小的工作环节，没有什么了不起的，比这件事情大得多得多的事情有的是。那时候真苦啊！但是今天谈到搬迁的话，我觉得图书馆当时所有的馆员那种努力、那种吃苦精神，能够心往一处想、劲往一处使的团结友爱的互助作风，不怕苦、没有任何怨言的工作精神，还是值得发扬的。

谈到搬迁，我认为只能用"任务重，时间紧，要求高，困难多"来概括当时的工作状况。我觉得这么说一点都不过分。为什么说任务重呢？你想想，我们当时馆里边800来人，19个部处，80多个科组。这么多人的办公用品、人保档案、行政档案，全部要搬到新馆。还有1300万册藏书。1300万册藏书不是说把它打了捆了就行了，为了进新馆全部都要除尘。当时我们没有除尘的工具，就是拿手拍，叫"灰尘搬家"。当时没有其他的先进工具，个别太脏的拿吸尘器吸一吸。那吸尘器也是供不应求，就几台。比如说北海公园快雪堂的那些图书，藏在那里几十年都没人动，那灰尘一大堆，而且都是黏土，拿手拍都拍不掉。所以先拿吸尘器吸，再拿布擦，完了再用手拍。柏林寺的藏书也是如此。柏林寺的藏书量不亚于我们文津街老馆的藏书。

除尘打捆

当时柏林寺藏书不全是古籍。柏林寺的藏书一部分是1949年以后我们从南京接收过来的。还有一部分是1949年前后，从其他地方收缴的、捐献的。还有调拨的很多图书，包括连环画都有。后来柏林寺的藏书，一部分线装书、地方志之类的进了文津街老馆，其他的书都进了新馆。

柏林寺的藏书可能有善本，但是那时候我们还没挑出来，都按照普通线装书来处理，也全都得除尘。当时我们在旧馆的所有1300万册藏书，没有一册书不经过除尘的，包括善本书。后来搬运善本书是我们第二次搬迁完成的任务，因为10月开馆的时候实在是来不及了，而且它读者比较少，影响面比较小。1987年10月新馆开馆的时候，书库和主要阅览室的藏书、期刊、报纸，都搬到新馆去了。我们1987年5月1号开始闭馆做搬迁准备的时候，善本阅览室一直是对外开放的，没闭馆。

我们在做搬迁准备的时候，大头是除尘，除尘的同时还要打捆。我们当时的工作要求是30厘米一捆，特形书除外。因为特形书毕竟比较少，先把特形书抽出来单打，等到了新馆顺架的时候再插进去。大部分书都是长30厘米，高30厘米一捆。经过实践证明，30厘米一捆不仅好打，而且能打结实。如果太高了就打不结实，搬迁的时候容易散。30厘米就这么厚，捆起来比较方便，男同志能捆，女同志也能捆，而且捆起来比较结实。装在箱子里头，30厘米一捆30厘米一捆很有顺序。所以我们要求装箱打捆的时候一律按照30厘米一捆，不是按照重量。每个人一把尺子，30厘米，不许超过。我们有质量检查组要检查的，要是超过了就得返工。

我们订了一万多个钙塑箱和三万个纸箱。为什么要做钙塑箱呢？因为钙塑箱可以来回地反复使用，纸箱用一次就完了。纸箱主要供给线装书这些地方用。从一开始我们就都要计划好，从下架打捆开始，一定要保证每捆书的小号在上边，大号在下边。打捆完了以后装车卸车，到新馆倒到小车上。倒几回，都要保证小号在上边，以便最后上架，要不然不会那么快的。到开馆的时候，你要是再进行一次大顺架，得顺到什么时候？所以次序还是非常好的。

我们刚才谈到的只是1300万册藏书和办公用品。我们还有一个大头就是两万多个新定制的书架，要在搬迁之前全部到位，安装完毕；还有新家具一万多种、五万多件。这都是我们当时搬迁要完成的任务。就三个月，实际上没有三个月。你想想，我们搬家从7月1号开始，7、8、9三个月，正好是北京的雨季。那时候北京的雨还多，所以给我们搬迁的时间最多也就是75天，两个半月。当时往全国各地和世界各个国家图书馆发的邀请函定在10月6号，也就是"十一"放完假之后，10月6号就要举行新馆开馆典礼，所以我刚才说时间紧也是在这个地方。我们当时估量搬家动迁的量是2500卡车。这2500卡车，75天要完成的话，一天就得是三十多辆卡车往新馆进。就在完全正常的情况下，每天必须完成三十多车，否则就完不成任务。

我们当时调动了八辆解放军的卡车，还有我们自己的一个130轻型货车、一辆卡车，一共就是十辆车。实际上这个任务很难完成。为什么呢？困难在于新馆没有路，我们的车辆进不去啊！为什么说困难多呢，主要就在这儿。任务重，时间紧。我说了，要求也高啊！谭祥金副馆长给我们提出了"优质高效，文明搬迁，不丢不乱，不损不毁"的要求。我们就得想什么是"不丢不乱"？什么叫"不损不毁"？我们做具体工作的都得想到了。我们觉得"不丢不乱"指的是图书，"不损不毁"指的是新馆的馆舍。新馆馆舍建完以后墙是白的，不能弄黑了吧；墙角是直的，不能搬迁的时候碰了吧；家具是新的，不能给毁了吧。这么大工作量的搬迁，这么多人的参与，组织不严密的话肯定是要出问题的。像我们自己家装修完了以后搬迁也免不了把门碰了、把墙角碰了、把墙抹黑，都也是免不了的。当时我们这么多人搬迁，全馆所有人员，还有外来人员，所以必须得有严密的组织。领导的要求，还是有的放矢的。对于我们做具体工作的同志来讲，就得仔细琢磨、细心组织才行。

我刚才说到路的问题，我们搬迁的困难真多啊。提前完工这件事情，"七一"完工，我们三建公司的同志是做到了，主体完工了，楼房封顶了，内部的水电气也都接上了。但是外头的市政工程没完工啊。市政的上下水没有，市政的电、北路电、南路电没有。三建公司为了"七一"完工在抢工期，我们为了"十一"开馆也在抢工期。电的抢电的，水的抢水的，消防的抢消防的。今天这条路你看着好好的，明天早上起来看就又挖掉了。李家荣副馆长有一个详细的日记，里边写的9月27号才给上下水。我们10月6号就开馆了。三个月的搬迁过程中，我们这么多人进去，得吃、得喝、得上厕所，那没有水怎么办？什么都办不到。没有路搬不了家，没有食堂我们吃不了饭，没有上下水我们去不了厕所，没有电我们没有照明。

当时在馆长的领导下，我们成立了搬迁指挥部，有很严密的组织，由谭祥金担任总指挥。我们所有的事情都得向他汇报，征得他的同意之后我们才能做。他就是我们当时北京图书馆的赵子龙，哪块有难处，他就得往哪去，东挡西杀的全是他；常务副馆长谢道渊就好比是个元帅，运筹帷幄，指点江山，这方面谢道渊做得真棒；胡沙副馆长就是出主意、想办法；李家荣就是坐阵新馆，保证质量。所有的业务工作，包括筹备、搬迁，阅览室以及各个方面人员的调配，都是谭祥金的事，所以我们都得向他汇报，没有馆长的同意我们哪件事也不敢做。我们成立的搬迁指挥部，谭祥金是总指挥，业务处处长朱南是副总指挥，基建张永嘉是副总指挥，加上我，我们四个。朱南当时管业务处，张永嘉当时管基建，这两个地方好协调。我管规划和总体调度。在搬迁指挥部下边还成立了一个调度组，还有一个后勤组、一个保卫组、一个质量检查组。这是搬迁指挥部直接管辖的几个组。指挥部下面，各部处还各有一个搬迁指挥分部，各科室还各有一个搬迁小组。按照搬迁指挥部的总体规划，各个部处去落实，各科组做科组的事情。组织是比较严密的。为了协调全馆的力量，我们还组织了搬迁突击队，以当时在馆的团员为主，团总支、团支部、团小组，包括要求进步的青年也都划在里头。我估计这些人要现在在馆的话也都是五十多岁将近六十岁的人了，当时都是二十多岁的小伙子。

搬迁工作我们之所以能够完成，离不开全体馆员的付出。我们全馆职工，不分男女老少，不分正式职工还是临时工，也不分是领导还是干部，也不分是干部还是工人，职工们全部上阵，所有的事情都自己做。除了装箱之后运输搬运大件的东西，像刚才说的善本。因为装善本用的"战备箱"很大、很重，凭借我们自己馆员当时的身体素质，搬运是有一定的困难，所以这一部分工作是由部队帮助完成的。但是分类、除尘打捆都是得我们馆员自己做的。装箱之前的所有工作，都得我们自己干。善本目录和几百柜的书刊目录，不能把它弄乱了，让人家支援搬迁的同志来弄不行，都得自己做。

当时搬目录卡片，我们是把新馆目录柜的目录屉拿到旧馆去，把旧馆的目录屉摘下来，成条地将目录卡片分解，分解完了以后再串上编号直接放入新目录屉，搬入新馆。旧馆目录柜不要，就把目录搬过来就行了，新馆目录柜都准备好了，往里头一插，就完了。搬目录屉，摔到地下行吗？摔一下就都乱了。万一弄乱了，那是多少馆员一辈子的心血啊！

三、请来了一个营的官兵

我们当时做新馆搬迁规划的时候，是想了很多方案的。我们做的搬迁规划方案，馆长办公会最后批准的那个，提到了卡车，提到了大轿车。为什么还提到了大轿车呢？因为我们在做搬迁规划的时候，还没有想到一定能够把部队的战士请来，一定能够把军车要来。虽然当时提出了这个方案，但是不一定能够实现啊！因为我们听说过解放军同志抢险、抗灾、救难，但是谁听说过解放军帮助搬家的吗？所以那只是我们当时的一个想法。起初我们考虑的是用北京市运输公司的卡车，如果运输公司也有困难的话，我们就用北京市交通运输公司的大轿车。因为考虑到北京市的雨季，这大轿车还有棚子，把座位拆掉，用来装书，下雨什么的也不怕。运输公司，我们考察过，人家是按照台班出车的，晚上不能出车。而且他们的运输车没有4吨的解放牌车，都是大车。还有，他们不能出人力，没有运输人力。

部队这块，我在部队待过，所以知道一个整编部队，哪怕是一个班，都不能够在外头过宿，完成任务了必须回营房。在外头住一晚上，那没有军区首长的批准是办不到的。团长都没这权力。一个人、两个人还可以，但是一个整班或者整排的在外头过夜，那是不允许的。所以请示了馆长以后，我们就去请北京军区帮忙，跟部队首长介绍，北京图书馆多么重要，新馆是国家的重点文化工程，是周总理亲自批准的，等等。

当时是我、葛阳和郎中元，我们仨一起去的。就是我们调度组自己去的，直接找的北京军区的群工部。我们虽然都是复员军人，但是没在北京军区待过，北京军区我们不熟悉。我们说完了之后，部队的领导很理解，但我们没想到这事一定能成。只是跟人家谈一谈，人家当时也没答复，只是说把这情况跟首长反映。咱们当时不知道，人家是一级一级再上报的，最后是北京军区司令员秦基伟批准的，将任务下达到北京卫戍区。之后谭祥金副馆长，我，还有几个同志吧，我记不清楚了，我们还去跟北京卫戍区的领导在一块座谈。

后来是北京卫戍区跟我们联系，把这个任务下达给了北京卫戍区三师12团炮营。整个一个营的建制，除了留守以外，精兵强将，包括营长全都来了，将近130人。8辆解放卡车，为了防雨都带着篷子。人家自带干粮，连大师傅都自带，自己买菜自己做饭，帮助我们搬迁[①]。他们就是驻在了我们旧馆这块。从7月份开始，部队官兵在我们这儿整整待了5个月，帮助我们搬迁。所

---

① 该情况请参见李连滨口述采访。

北京卫戍区官兵帮助北京图书馆搬迁

有的难点，只要是向解放军、向营长一提出来，用北京话讲，他们"没有打磕绊"的，指哪打哪，想要10点就10点，想要夜里1点就1点，保证随叫随到，跟救了一次灾一样。部队的组织性、纪律性，和我们的突击队组合在一起，那真是没的说。当然解放军与我们突击队也有分工。部队的战士主要负责旧馆的装车、卸车，重活都归解放军。新馆这边大部分的工作都是我们突击队负责。所以我说我们突击队不能被忘记。解放军是我们搬迁的一个生力军，我们的突击队也是搬迁的生力军。你想想看，木家具五万多件，再加上两万多件的钢家具。没有电，这些钢家具怎么搬上楼去的？都是我们抬上去的，肩扛啊！那五万多件家具不是7月1号新馆落成了才来的。落成之前，按照合同人家已经运到了。运到了怎么办？我们家具组的同志们就借地方、租地方、想办法。开始他们租的外文印刷厂的仓库，上下两层全都腾空了，大门一锁，好办。后来家具越来越多，就又租了首都体育馆。慢慢地，首都体育馆里全是我们北京图书馆的家具。人家卸在那了，车走了。这些家具怎么搬到新馆啊？这全都是我们自己同志做的，突击队的同志。

　　我们把家具先装在解放军的车上运过来，再卸了。卸完了以后，就是我们突击队的同志往上抬。我们突击队可真能干，没有路就自己修路。按照我们原来的搬迁计划来讲是分五个口，五路人马同时往新馆里进。结果开始搬的时候一条路都没有，都在挖管道。有的地方今天晚上看着是一条好路，第二天早晨成一条沟了，大车根本就进不去。最后我们想办法。我们图书馆新馆挨着紫竹院的河边上有一条市政路，那条路是不能动的。我们就想从那条市政路进到紫竹院公园，从后头绕到我们新馆的主楼后面。那人家紫竹院公园能答应吗？我们谈了多少次都谈不下来。最后谢道渊馆长出面找他们谈。我记得是找了他们园长、党委书记，还有海淀区的管园林绿化的头儿，后来人家答应了，但是要求别动那儿的树。然后，我们把基建时候修的跟紫竹院公园相隔的围墙拆掉，在他们说的那树的东侧，我们搬迁突击队自己修了一条土路，这才保证了解放军的车进来。汽车先进到主楼，再从主楼分散到其他地方。这样才保证了我们每天三十几趟车的物资搬迁。

　　主要的藏书进19层书库，当时没有电，电梯要用工程的临时电。人家施工单位随时交工，交了哪一段哪一段的临时电就拆掉。人家前头拆，我们后头就自己接。人家用多大的电压，我们也接多大的电压。但是电梯长时间地运转，电梯机房过热，过热就停，经常停。我们只好又买了空调，装在机房里头降温。我们在新馆那块没有水喝，后勤组的人就想办法，在外面烧水运进来，供大家喝。没有食堂，当时在我们现在综合楼这个位置，有两户钉子户，房子没拆，把他们请走以后，我们就在他们的小房子里面搭的灶，临时能做饭，但是得拿到外头去吃。当时厕所怎么解决的我忘了，但肯定馆里面是不能使的，因为没有上下水。所以说当时困难很多。虽然有这么多的困难，但是大家想尽一切办法去克服。当时北京图书馆的馆员，真是心里面只有一根筋，就是怎么把新馆建好，怎么能够在10月6日开馆，劲都往这一处使。

　　我当时是新馆旧馆来回跑，每天都要跑。旧馆碰到问题我随时要去了解，人家用无线电一呼我，我就得过去。过去之后先了解情况，然后向馆长汇报，请示这件事情怎么解决。谭副馆长大部分时间在旧馆，他也是两头跑。我们毕竟还有那个无线电联络的方式。我们开始做计划的时候只购置了一台步话机，买了十几部对讲机，新馆跟旧馆两头来使的。后来发现距离太远，对讲机根本就够不着，同频道也不行。后来我们请教人家那个卖对讲机的部门，当时在珠市口。我们说这个对讲机联络不上怎么办。他说你们这距离太远了，中间得加一部或者两部车载步话机。那个车载步话机特别贵，当时好像得十几万吧。我们考虑对讲机将来保卫还能用，车载步话机以后没办法用，就浪费了。后来我们就找公共汽车公司的调度，就在人家那租了两台车载步话机，旧馆一台新馆一台。旧馆那台不需要人值守，新馆这台就需要人值守。旧馆那台就是哪个部门有问题自己就可以去用，一直开着没问题。新馆这台车载步话机，因为我跟谭副馆长都要四处走动，旧馆那头有事时接通了新馆，新馆这边找不到人会耽误事，所以就像接线员一样，得有个人值守。每次接通之后接线员再呼叫我们。当时有两个女同志负责值守步话机，一天24小时轮班。那时候没有电扇，也没有空调，大热的天她们就闷在那个屋里，在主楼东出纳台的那一块，一点怨言都没有。

我跟谭副馆长认识这么多年，据我所知，他也就跟他老婆发过脾气。还有，他跟馆长也发过脾气，在馆长办公会上发过脾气。但是在跟群众接触的时候，谭副馆长人缘很好，特别好，从来不发脾气。大搬迁的时候，他的所有指令通过我去实施。我把底下所有人反映的问题都集中到他那块。有的问题他需要再跟谢道渊，或馆长办公会汇报，汇报以后告诉我需要怎么实施，我们再去贯彻。

四、国图1987

图书馆搬迁完了以后，部队撤走的时候，我们馆里举行了一个欢送仪式，开了一次大会，又租了几辆当时在北京来讲算是特别好的大轿车送他们回部队，没让他们坐卡车回去。他们的卡车是空着开回去的。我们租了几辆大客车，就像那种旅游大巴似的，特别漂亮。战士们都说："这么多年我没坐过这么好的车。"我们当时欢送他们的时候，是特意把旧馆中间那个大门打开的。中间那大门没有大事是从来不开的。所以，我们当时是把这作为一个非常隆重的事情，打开了中间大门，把解放军同志送走。我们指挥部调度组的同事们一直把他们送到营房。当时还送给他们一面锦旗，我记得上头写的是"书城共迁，友谊长存"这么几个字。这八个大字写是很好写，但是怎么保证友谊长存啊？是不是搬迁完了，人家走了以后就完事了？所以说，我们指挥部的同志这么多年，可以说30年，没有间断和部队与战士们的往来。虽然他们有的同志已经复员了，营长也转业回老家了，团长牺牲了，政委调离了……但是我们跟他们一直保持着往来，不是他们过来就是我们过去。不敢说每年，但是每两三年，我们准保有一次聚会，都是在北京聚。他们有的是出差来北京。只要是这些解放军战士来北京，有什么事情，我们指挥部调度组的同志都是尽量帮他们解决。包括李营长的孩子，从安徽考来北京上大学，吃住行，我们都尽量给予帮助。

现在，我们有一个微信群，叫"国图1987"。我们调度组的同志都是从各个部门抽调到一起的，有的原来甚至一句话都没讲过的，因为大搬迁把大家聚起来了，解放军同志也是我们1987年认识的，所以我们取了一个群名叫"国图1987"。这个微信群很起作用。我们现在有些什么事情，大家日常的生活情况，或者是什么消息，都在这个群里边发一下。所以前段时间我发了一个消息："30年了，是需要组织活动的时候了。"所有人都立刻响应，包括李营长。他当时在安徽，说一定来北京参加我们的活动。所以李营长是特意来的。我们原来准备在今年6月30号聚会，但是我们几个人商量的时候有点晚了，好几个人都在外地回不来，最后就改在了7月7号。从星期五到星期天，我们聚了两天。大家海聊，聊的最多的还是当年的搬迁。"国图1987"群里一共有十多个人，聚会的时候都来了，没有缺席的，全都到了。有腾静、冯新秀，还有赵毅。赵毅原来是总务的，在搬迁指挥部负责发放劳保用品，还有车辆调度。聚会那天我们在一起有说有笑，晚上睡得挺晚，一两点了才睡。第二天早上起来大家在一块又聊。说实在的，我们感情还是很深厚的。部队来的就李营长，其他战士们全都复员各奔东西了。

部队当时帮我们搬家都是免费的、义务的，所以我们很过意不去，因为我们当时有搬迁经费。搬迁经费当时基建的时候就已经给做进去了，不用重新申请，从基建那块转过来就行了。但是我们也不知道整个搬迁究竟能花多少，钱够不够。开始我们还使劲地搂着（省着）花，不敢大手大脚，连一台十万块钱的车载步话机都不敢买。部队的战士，人家自带粮票，一天是四块八还是六块八伙食。后来，经过馆长批准，我们给他们每个人补助，一天给补助一块多钱吧。车呢，汽油是我们的，人家部队的油不能用。这些都是事先谈过，明确了的。部队的油是属于战备油，不能随便使，我们自己解决油的问题；另外人家汽车需要保养、要维修，我们一个台班一个月给40块钱，实际上没多少钱。我们要是租运输公司的车，当时要1300块钱一个台班，还不包括夜里，人家就干八小时。所以还是部队的同志给我们解决了好大的问题。人家当时怎么履行的各种手续我们都不知道，但人家确实是给我们破例了。到现在为止，我没听说哪一个部门搬家，或者哪一个新楼建设，有解放军去大力支持的，也许是我孤陋寡闻。

回想整个搬迁，虽然遇到了很多困难，但是我们也想了很多办法。我们图书馆的全体职工，确实是发挥了"一不怕苦，二不怕死"的精神，具有给新馆创造一个漂亮环境的群体意识。另外，我们不管什么时候，这两股力量都不能忘。一是不能忘了我们部队的同志。不管他们现在在还是不在，不管跟我们有联系还是没有联系，他们都为国图付出过一份心血和汗水，而且也得到部队领导的认可。这130人回部队之后，卫戍区给他们记了集体三等功。因为他们组织严密，人员没有负伤，设备完好无损，圆满完成任务。二是不能忘了我们的突击队。当时青年突击队队长是姚家华，指导员是马小林。他们后来去了文化部，现在应该也退休了。无论什么时候，我们都不能忘记解放军跟突击队这两支力量是我们当时搬迁和新馆建设的主力。没有他们，这么短的时间内完成搬迁是办不到的。他们这些人的年龄现在已经很大了，也都是五六十岁的人了。

中国记忆团队与韩德昌先生合影

　　这次搬迁应该说还没搬完，善本还没搬。开馆以后我就调到典阅部，搬迁指挥部就归杨保华负责了。杨保华2017年去世了。按照我们原来的规划是1988年完成二次搬迁，也就是善本搬迁。善本搬迁也非常难。难在哪呢？就是得更仔细，更不能丢，更不能乱。最难的是装《四库全书》的柜子和架子，咱们新馆根本进不去，没有一个门可以进得去，全都得拆，拆完了从外头请人家做红木家具的木工重新组合。二次搬迁的时候还是这个部队。

　　我就觉得，搬迁这件事情在我做图书馆工作的一生中来讲，值了！这几十年来，这件事情是我人生的一件大事，也是记忆犹新的一件事情。能为国家图书馆做出一点贡献，因为这件工作结交了这么多朋友，我觉得值！

国图1987

受访人：李连滨
采访人：李东晔
时间：2017年10月16日
地点：国家图书馆口述采访室，北京
摄像：赵亮、谢忠军

李连滨，1955年出生。1974年12月入伍。曾任北京卫戍区三师12团炮营营长。1989年转业到安徽省太和县人民检察院，先后担任党组成员、反贪局长、检察长助理等职务。在1987年北京图书馆新馆落成搬迁过程中，率领全营三个连近130名官兵奋战5个月，帮助北京图书馆顺利圆满地完成搬迁任务。

一、任务

当时这个任务是北京军区和卫戍区下达到我们12团，最后落实到了我们营。任务下达过后，我们进行了动员。那时候有一句口号"支援国家重点建设！"当时，北京图书馆这个项目就属于国家重点项目。再说北京图书馆还有一个职能就是国家的总书库，我们国家每个出版社出版的所有书，都要无偿地缴送国家图书馆进行收藏。所以我们进行了动员，认为这么重要的任务交给我们，我们应该感到光荣，还要感到自豪！因为不说全军吧，就说卫戍区这么多部队，能够把这个任务交给我们，肯定我们的上级也是经过考虑的，要派就派最棒的。我现在认为我们上级当时是考虑对了。1987年的7月1号，我们抽调了三个连里的精兵强将，不是全部，每个连有一部分留守的。因为当时需要的人力就这么多，人多了也摆不开。

7月1号上午我们就到了老馆，当时赶上天气比较热。进驻老馆以后，吃呢，我们自带干粮也只是头两天，之后我们就在老馆的员工餐厅搭伙。我们的炊事班也下去了，和图书馆的大师傅们一块，把大家的一日三餐给保障了。我们的干部和战士都在那吃饭。住呢，当时非常艰苦。因为没有地方住，北京图书馆领导就在老馆的西侧搭了几间简易房。我们的战士就住在简易房里。当时没有空调没有风扇，我们在天气最热的时候进来的，可以说大家真是冒着高温酷暑。这是吃住问题，当时就这么解决了。

来到工地一看，当时因为刚完工，主体建筑、道路什么都不完善。我记得当时我们第一趟搬进来时没路，是穿过紫竹院公园进来的。紫竹院北侧有个小桥，我们从那小桥绕到了书库后边，然后开始往里搬书。另外，工地上到处都是建筑废料，我们很多战士的脚都扎伤了。当时咱们图书馆有医生，立马给我们战士包扎。我们及时打了那种"破抗"①，怕钉子有锈。但是我们战士包扎以后很快又投入到搬迁工作中去了。所以在国图南区建成30周年纪念活动中我为什么说："我们三个连的官兵今天只有我一个人来到了现场。"在座谈会上，我彼时彼刻也是非常想念战士们的。没有他们的努力，我们这个任务的完成是没法想象的。没有北京图书馆搬迁指挥部还有馆领导的精心组织安排，这个搬迁工作也是很难完成的。每天干什么，书送到哪儿，包括给书打捆，都安排得非常精细。可以说这个任务的圆满完成，离不开我们馆领导和搬迁指挥部的同志，还有我们的全体官兵。这一点我们什么时候都不会忘记的。

我们当时不是以连为单位，而是整个营的三个连都在一块。吃饭在一块，住是以连为单位住。整个调动，有时候以连为单位，有时候一个连不够两个连上，有时候编制打乱，都上，不是分得那么清楚。

当时任务比较重②。因为从7月1日搬迁开始到10月6号开馆，10月15号正式接待读者，这个时间还是比较紧张的。我们整个搬迁任务完成是在10月30号，往后延迟了一个多月（又进行了专门针对善本书的二次搬迁）。我们

---

① "破抗"指破伤风抗毒素，主要用于预防和治疗破伤风。

② 据《北京图书馆动态》1987年第45期记载，解放军指战员共运送600多卡车126000多捆书刊，1000多卡车钢木家具。

前边干的工作是为了不影响开馆、不影响接待读者，所以任务也重也急。我刚才说了，当时工地没有路，坑坑洼洼的。有时候搬一些办公家具，卡车一歪，有些办公家具个别有损坏的。损坏之后，我就拿着钱到搬迁指挥部找到韩德昌。我说，这损坏了两个办公桌，我赔吧！好像当年我们北图动态里边有个采访，我还讲到这一段。我说不小心，过那个门洞，车一晃家具支起来了，上边没有战士，司机看不到，过门洞时候给刮一下，门洞有一定的高度，刮一下，刮坏了两件家具。当时我心疼得够呛，因为这都是国家财产啊。但是，最后馆里坚持没让我赔。

当时准确的数字，应该是一共是来了126个官兵，8辆卡车。当时老馆大殿两边各有一个石狮子，每个狮子旁边停了4台，共8台解放卡车。当时派的司机也是我们最好的司机。因为我们部队住在郊区，到市里边要考虑城市里边的交通状况，红绿灯、立交桥，所以我们事先把路线也看了。我们来了以后，搬迁指挥部的同志们带着我们实地察看两个主要的搬迁地点。一个是老馆，藏书比较多，还有一个是柏林寺。察看好路线，规划车都是该怎么去怎么回。因为卡车是不能在市内通行的，为了搬迁工作顺利完成，我们还专门到交警大队办了通行证。这样我们的卡车才可以在北京市的大街上行驶，把书顺利地搬过去。

那时候的搬迁指挥工作，北图也投入了很多。像建立电台对讲机，北图建了一个主台，我们几个人每人一个对讲机，很方便的。他们一喊："李营长你在哪里？"我就回答在哪里，要多少人，上哪一段。当时我们不分什么楼，而是叫A段B段C段E段，是这样分的。应该是当时建设单位就是这样来的，所以我们跟着都这样叫。反正我是没有固定的地方，有时候考虑到车比较多吧，就跟一下车，从老馆或柏林寺跟车到新馆；有时候考虑到新馆这边比较忙或者人比较多的话，就跟着到书库，看看书的摆放情况。

当时，有一段时间是需要加班的，但不是每天都加班。总的来说，我们的活赶得是比较急的。咱们国家18岁就可以参军了，要赶上是当年的兵，有的甚至还要小一点。书是很沉的，大家家里面有书的都知道，那个书柜里的东西最沉。一捆一捆的书，从老馆书库里不好朝外运，都是从窗户里往外传。

好像有一张照片吧，那张照片当时是我拍的，战士们把书从窗户里一捆捆传到车里边。还有柏林寺，那个地方是名胜古迹，不让用火，还要注意消防。前期我们图书馆做了一些工作叫除尘打捆，但是搬的时候尘土也是不少。大家确实也比较辛苦。

好玩的事情也有。像礼拜天，因为战士们不可能一块出去，就分别给大家放了假，带领大家去颐和园、八达岭。当时我买了个照相机，给战士照照相。所以现在有一些照片就是当时照的。这次我不知道我们要搞这个，我家里还有一部分照片放着没带来。

北京卫戍区官兵帮助北京图书馆搬迁

面对繁重的搬迁工作，我们加强了纪律性，大门口我们站的有岗，战士不能随便出去。因为我们那么多人，在市中心，还在中南海的后边，所以对他们要有一个纪律性的教育，加强管理。因为我们部队在郊区嘛，一下子到了城里边，要防止出现其他问题。我们要求比较严格，每个连外出要限制人数，按时归队，到哪去，一定要说明。部队到哪都一样，包括吃饭、列队、饭前唱歌、内务卫生，这一切和在营房是一样的。那个时候，我们列队走到饭堂门口，北图的员工都开饭了，我们在外边唱两首歌才进去。大家虽然是来搬迁的，但是部队的这些优秀的东西、优良的传统不能丢。

我们7月1号进驻，后来赶上建军60周年，北图就在老馆的最后边那一座楼，搞了个军民联欢会。当时北图的员工献了节目，我们的战士也献了节目。这个联欢搞得到现在都很难忘。当时北图的馆领导还向我们赠送了慰问

当年军民联欢会上的李连滨营长

品。那时候慰问品比较简单，每人一把雨伞，很实用。到现在我还记着那把雨伞，一把折叠的雨伞。

除了组织这些活动，馆里还很好地解决了我们战士的洗澡问题。这都是比较实际的问题。所以说北图的馆领导，为了我们能够吃好住好以及干好，也是费了不少心思，挺操心的。

我也住在老馆里。当时在老馆有个营部，我们带了通讯员、卫生员、驾驶员。老馆大门的东侧有一排小平房，挨着北海公园。我们在那找了两间房，我就跟他们几个住在那儿。

我们当时跟北图员工的工作基本上是分开的。北图有突击队，他们在前期做的工作比较多一点，比如除尘打捆。我们来的时候书都成捆了，那就是在前期已经做了准备了。另外，当时的办公家具，存放在中国气象局、首都体育馆、外文出版社。这些周边的单位放的都是北图的家具，因为工地还没清理好。我们战士就从这几个地方把办公家具运过来，然后咱们突击队员扛、摆，还有师傅们组装。我印象中，办公家具当时应该说很漂亮，国家真是有投入的。搬运书都是我们部队战士的工作，因为车辆是我们的，包括装、卸；往书架上摆是我们图书馆员工的工作，因为我们战士不知道书的编号顺序，这个不能乱。

二、奉献与荣誉

说到搬家，我还有件有趣的事情。1987年，正好我爱人在老家也分了一套房子，也要搬家，就给我写信。那时候没现在这么方便。她写信就说，咱们分了一套房子，需要搬家，能回来吗？当时我正在北京搬图书馆，我说回不去。后来《解放军报》还把这一段给我报道了一下。主题就是两个乔迁之喜：我自己有个乔迁之喜，当时分一套房子不容易；然后国家有个乔迁之喜，就是北京图书馆搬迁。我就是选择了不回家把北图搬好再说。这事很巧，当时《解放军报》为了报道我们整个搬迁工作，好像在10月份还是几月份，在第二版有一个报道，题目叫"为了东方书城早日敞开大门"。那里边详细介绍了我们搬迁的一些事迹。报社专门来了记者采访，押题照片就是我们新馆那张照片，然后把我们中间几个小故事都串到一块了。

我认为这次任务是非常光荣的。刚才我说了，这是国家的重点建设项目，周总理过问的事，包括亲自选址。当时万里副总理多次视察，搬迁期间来了，开馆时也来了。当时我也受到了接见，并且合了影。这是我们国家的大事。军队支持国家重点建设，也是我们义不容辞的责任。就像抗震救灾、抗洪抢险，这些急难险重的任务，部队都要上。人民子弟兵为人民嘛。

搬迁任务结束的时候，北京图书馆在多功能厅给我们开了个欢送大会，欢送会上送了我们两面锦旗。其中有一面是给我们营的，锦旗上的8个字我到现在还记得："军中精英，民之楷模"。我认为对我们的这个评价太高了。另外一面锦旗是给我们团的，上面也是8个字："书城共迁，友谊长存"。现在这两面锦旗上的16个字，我依然记忆犹新。当时给我们开欢送会的时候，我们卫戍区师团的领导都来了。领导一来一看，这么隆重的欢送会。他们也感到我们部队肯定在这里表现不错，没有辜负上级和首长们的希望，任务完成不错。所以回去以后，团里就给我们报功，给我们营立记了个集体三等功。集体三等功得是卫戍区批。单位的级别越高，立功的批准机关也更高。我个人被师立记了个人三等功。我那三等功证书上写的就是："1987年参加北京图书馆搬迁，特给予三等功。"整个营记集体三等功很难的。这说明上级对我们的肯定。我认为这也是对我这项工作的一个肯定。当兵的时候我们父母就嘱咐我们，好好干，在部队要立功啊。争取立功受奖，这也是我们军人追求的一个梦想吧。大家都想立功，但和平年代立功更不容易。

除了记集体三等功，我们回去以后没有给官兵们其他的奖励。什么叫奉献呢？这就是奉献。我们战士在这儿干了5个月，我们就只是在伙食上给大家提高了一点标准。我们部队每天一个战士多少伙食费是有标准的。搬迁时大家体力消耗比较大，为了让大家保持充分的体力，在伙食上北图的领导也是千方百计给我们补助，提高了一点伙食标准。其他的没有。我们战士就拿部队的津贴，我们干部就是部队的工资。我们在帮助北京图书馆搬迁期间，每个战士，每个干部，没有拿一分钱的报酬。

三、国图1987

我是1974年12月入伍，就在北京卫戍区。从当兵到转业，从战士到营长，我没离开过这个部队。1989年经过卫戍区政治部批准，我转业回到安徽太和县人民检察院，当了一名检察官，直到2016年1月退休。

自从1989年转业回到地方，到1999年整10年，期间我一直没回来过。1999年我来了一次北图。因为这个地方给我留下了很多记忆，我想来看看。当时我找韩德昌，但韩德昌调走了，调到行政学院了。后来又找赵毅，是个女同志。找到她还有葛阳，这都是北图的老员工了。然后他们就把大家召集到一块，说李营长来了，10年没见面了。当天晚上大家就一块聚了一下，互相留了电话。

后来这几年不是兴微信了吗？今年（2017年）4月份，我来北京。我们在一块吃饭，就说我们建个群吧！这么多年了，30年了。我们因为共同的任务，北图的搬迁，联系到了一块，非常难得。所以我们就建了个微信群，群名就叫"国图1987"。我们有什么事就在群里边通知、联系一下。当时吃饭时我们想起来了，今年是2017年，距离1987年7月快30年了。我们就说，7月份我们再聚一次，我们共同回忆这段难忘的历史。7月7号我们就又聚到了一起。当时搬迁指挥部的人几乎全到了，在一块待了一天一晚上，都没回去。大家都喝了不少酒，也比较兴奋。菜都是我们自己做的，没到饭店。我们在市场买点熟菜，加工一下，一起又包的饺子。大家很高兴。我们这个群现在还一直在保持联系。

好多人都说，什么友谊最珍贵啊？其实就是在工作中，像军队，就是在战斗中建立起来的友谊。战友之间，像我们和搬迁指挥部的这几个同志，工作中出于那种奉献精神、敬业精神，这时建立的友谊，也是非常牢固的。大家在一块讲到当年那些事，非常难忘。

这么多年过去了，当年那些一起搬迁的官兵后来都各奔东西了，全国各地都有。干部还好一点，有的记着名字，战士们有的名字都记不得了。所以那天我发言的时候为什么有点激动呢？他们真是无名英雄。他们干了这么大的一件事，但他们在哪？他们在干什么？叫什么名字？没有多少人记得。所以说我那天有点激动，我现在也有点激动。

我相信肯定有我们的战士到咱国图这里来过。他们到北京谁不来看看啊？他们来北图都会说："我在这地方战斗过5个月。"就是坐在公交车上，他也会望上一眼。这是肯定的。

采访手记　原以为金志舜先生就是我们这次"30周年"项目的最后一位受访者了。不想，有一天碰见馆史办公室的马涛老师，问我要不要采访韩德昌，他是当年负责搬迁工作的总指挥，后来调任国家行政学院图书馆任馆长。那当然要采访了！

2017年8月10日一早，我刚出家门就接到同事赵亮的电话，说家里有急

座谈会上的李连滨营长

事儿要回老家一趟，让我找其他同事帮忙摄像。于是，一路上赶紧四下打电话求救、联系、落实。万幸，关键时刻年轻的同事陈泰歌救了场。

因为距离不远，又熟悉，韩馆长自己骑着车就来了。他1963年就到北京图书馆工作，了解的事情比较多。他记得当初选址有好几个地方，他印象中大概有8个备选地块。但一直拖到1973年，最后确定在了现在的紫竹院旁边。他当时印象最深的是，1973年，刘季平馆长曾经率领代表团访问美国、欧洲，主要就是考察图书馆的建设，收集了世界各个图书馆的图册、图纸，还有内饰，很多很多，回来后大家都看过。但因为新馆建设过程很漫长，在刘季平馆长调去文化部之后，韩馆长说，北京图书馆新馆最后是在谢道渊馆长，胡沙、李家荣、谭祥金这几位副馆长的努力之下建成的。

在新馆馆舍建设过程的同时，业务规划与搬迁规划也提上了议事日程，当年韩德昌主要负责的就是搬迁工作。当时的搬迁工作可以用"任务重，时间紧，要求高，困难多"来形容。

最感动我的是听到他说请来一个营的解放军官兵帮北京图书馆搬家的故事。他说，在当时的那个历史条件下，没有搬家公司，只能是找运输公司。他们当时设想了各种搬家的方案。最初，他们也不能确定一定能请来解放军，因为之前只是听说解放军抢险救灾，没有听说过请解放军帮忙搬家的。但他们还是想试试。特别是因为他本人也是一位复员军人，对部队有特殊的感情与信任。

最后，他们接到了北京卫戍区的通知，对方派出了北京卫戍区三师12团炮营几乎一整营的官兵，开着8辆带篷的解放卡车来馆帮助北图搬家。当时馆内也组织了一个将近100人的青年突击队。他们与解放军官兵一起，奋战了好几个月，圆满地完成了大搬迁。

　　两个月之后，2017年10月12日，在国家图书馆举办的"国家图书馆总馆南区建成开馆30周年座谈会"上，我见到了"传说中"的李营长。虽然已经退伍多年，但李营长英姿不减当年。令我印象深刻的是他在座谈会上说的两句话："特别感谢国图。这么多年过去了，还没有忘了我们！"他是代表全营官兵来的，"我们三个连的官兵今天只有我一个人来到了现场"。

　　10月16日，李连滨营长应邀专程来到国图口述采访室接受我们的采访。他说，部队有支援国家建设的义务与责任。当年北图工程就是国家的重点工程。上级领导能将帮助北图搬迁的任务交给他们，是他们的光荣。特别是圆满完成任务之后，团里还给他们报了集体三等功。虽然部队给他个人也记了功，但是回忆起那段历史，李营长说，这一集体的荣誉远远超过了他个人的。虽然当年的战士们如今已经天各一方，但李营长坚信，他们如果到北京来，一定会来国图看一眼的。哪怕是坐在公共汽车上路过，他们也一定会看一眼自己当年"战斗"过的地方的。

中国记忆团队采访李连滨营长

从1987年北京图书馆新馆正式开馆至今，已经过去整整30年了。当年的官兵现在都已经退伍复员，而韩德昌也于1992年调动到国家行政学院图书馆任馆长。但是，韩馆长说，30年来，当年北图的几位青年突击队员与李连滨营长一直保持着联系。他们现在还有一个微信群，名字就叫"国图1987"。不久前，"国图1987"还在北京举办了一次30年聚会，其中包括李营长在内，好几位都是特意从外地赶来参加。回忆起当年大家一起并肩工作的日子，大家都感慨万千。

突击队精神

受访人：马小林、姚家华
采访人：李东晔
时间：2020年6月11日
地点：国家图书馆口述采访室，北京
摄像：赵亮、刘东亮、李想

马小林，1952年生，1975年至2002年在国家图书馆工作。先后担任人事处副处长、处长，开发办主任，分馆常务副馆长，参考部主任等职务。2002年调入文化部清史纂修领导小组办公室任副主任。

姚家华，1957年生，1984年至1994年在国家图书馆工作。先后担任团委副书记、书记。后调入文化部机关服务局任党委书记。

一、指导员马小林

我是1975年退伍复员回到北京后，正好有一位邻居在北京图书馆工作，告诉我北图正在招人，问我想不想去。我当时对图书馆没有多少认识，就觉得离家比较近，也还可以，就报了名。经过面试合格后，就开始到馆里上班了。

我最开始是在国际交换组工作。当时国际交换组属于报刊部，负责跟国外各个图书馆的相关部门做资料交换。我们将中国出版图书报刊目录发给他们，他们需要哪些就打勾，我们就给他发过去；相应地，他们也将自己的图书资料的目录发给我们，我们需要的话打勾寄回。就是用这种书与书的交换，而不是钱与钱的交换，来增加馆藏。当时的交换很频繁、量比较大。因为当时国际上的政治环境，还有外汇问题等原因，购买国外图书资料还不是很方便。

1982年底，我调到了馆人事处。到人事处工作之后，就遇到一个新馆建成以后需要多少人的问题。根据北图新馆的职能进行人员安排，当时我们就给中央编制办提交了一份2145个人员编制的报告，最后还得到了批准。但实际上，随着计算机等自动化设备的应用，馆里的员工从来都没有达到过这个数字。

到了1987年新馆竣工，要进行大规模搬迁了。为了完成搬迁任务，馆里组织了近100个团员青年组成突击队。这个突击队真正的领导是咱们小姚——姚家华，他当时是团委副书记。我其实是为他打工、为他服务。那时候我在人事处当副处长，兼干部科的科长。所以组织上把我调到这个突击队当指导员其实还有另外一个含义，就是通过这次搬迁工作，从咱们馆的青年人里边挖掘一些人才，为今后馆里的人才建设做些准备。

中国记忆团队采访马小林先生

在那几个月的搬迁工作中，突击队的小年轻们确实很不容易，很辛苦，但最后还是比较好地完成了馆里交给的任务。我记得在搬迁工作结束以后，突击队组织了一次总结会，当时是我主持的。总结过程中大家都非常兴奋。

最后在结束的时候我说了一句话。我说："咱们任务完成了，突击队解散了，但是突击队的精神永存。"这是我当时的原话，我现在想起来了。回想当年我们突击队的精神是什么，我觉得第一个是"视馆为家"的精神。当时我们所有人的心情，就好像是馆里给我们分了一个大宅子，我们买家具装修是为家里忙活。再苦再累大家都不觉得辛苦，很兴奋，觉得我们馆发展了，我们工作条件改善了，我们能发挥的作用更大了。

第二个是不怕苦不怕累、拼搏奉献的精神。当时解放军用大卡车把书架、书柜运来以后，我们这些小年轻就往楼里搬。当时北图新馆有些楼层是没有电梯的，都是小楼梯。在这种情况下，年轻人们扛着书架往上走，很辛苦。说到这里，我脑海里呈现的就是电影《小花》里刘晓庆他们爬山那段。当时我们突击队的小伙子们就是这样扛着很沉的书架一步一步地往上搬的。而且要做到轻拿轻放，不能磕了碰了。当时规定，书架摆放的时候都是距墙10公分，码放得整整齐齐的。在整个的过程中，突击队员没有一个人打退堂鼓。当然有很多受伤的，有累得受不了的，这疼那疼的，但是没有一个人打退堂鼓，都坚持下来了。而且坚持下来了以后，大家心情还很好。我感觉到我们这些年轻人是很可爱的。

此外，我觉得在整个搬迁过程中，我们也得到了馆领导以及全馆员工的支持与关心。当时谢道渊馆长、艾青春书记经常跟我们谈，问问我们怎么样，辛苦不辛苦，有什么困难。而且我们这些小年轻相互之间也关系非常融洽。有一天早晨，我起得稍微晚了一点，顾不上吃早饭，就拿两块面包夹了几块肉到馆里来了。正好碰到一个突击队的同事，他正要出去，他说没吃饭，我就顺手把这面包给他了。其实就这么简单的一件小事情，我忘得干干净净的。结果好多年过去了，一见面，他提起来，还记得。去年我们见面的时候，他还在提这个事。这段记忆保存了几十年，大家还没有忘掉。说明什么？说明这就是我们突击队的精神。

后来，我在突击队的总结会上也流露出了最初组织安排我当那个指导员的意思。我说组织上派我来，一方面是和大家一块工作，另一方面我还带着个特殊的任务，就是要从咱们这些年轻人里面选拔一些比较优秀的人才，将来有机会输送到更加重要的岗位上去。同时我也希望大家，虽然突击队解散了，但是我们突击队的精神不能倒。我说我相信，咱们突击队的精神会伴随着我们，在今后的成长中继续发挥作用。实际上后来在很多方面馆里头也给了我们的突击队队员一点照顾。就拿我经手过的，比如说分房来说，当年我是分房委员会的委员，在讨论的时候，大家就形成了一个共识，这些突击队的同志们很辛苦，所以在分房的过程中，在条件差不多的情况下就会适当地给点照顾。当时真是做到了这一点。事后，这几年，有人跟我说起来："当时你们分房还分给我一个房！"我说有这么回事儿？他说："是啊，就因为我是突击队的队员，所以说我分到了馆里的房子。"因为突击队中有很多同志表现得比较优秀，所以在工作岗位上，领导和同志们对他们也是给予很多好评。我们现在如果把当时突击队的队员都拿出来的话，应该会看到有很多人都走上了领导岗位，有些人也是在专业上做出了很多贡献，都是高级职称。大家都成长起来了。让我感觉到，馆领导们是记着这些突击队员付出的辛劳的，并且通过不同的方式给予了肯定。

1987年6月3日青年突击队成立时的合影

二、大队长姚家华

我是1984年调入北京图书馆工作的。1987年北图新馆落成，为了顺利完成搬迁工作，在馆领导的组织号召下成立了青年突击队。突击队成员是经过自下而上自愿报名，然后又自上而下筛选，这么一个选拔的过程。我印象中，最开始报名有一百多不到两百人。后来经过与各个部门的协商，确定了人选。突击队成员都是各个部门的骨干。因为我当时是馆团委副书记，馆里就安排我担任突击队的大队长。人事处副处长马小林担任指导员。突击队下设8个小组共计82人。

我记得当时馆党委书记、常务副馆长谢道渊，馆党委副书记艾青春，党办主任马淑云等相关领导同志还组织召开了成立大会，谢馆长讲话并提出工作要求鼓励大家。突击队成立后，我与马小林同志和8位分队长研究具体工作方案，群策群力，集思广益，对搬迁时间、要求、注意事项等一一做了具体安排和布置。我们从始至终强调切实注意搬迁安全，并制定搬迁安全注意事项。在整个搬迁中，没有出过一次事故。

中国记忆团队采访姚家华先生

针对办公休息场所，特别是设备电梯，事无巨细我们都做出合理规划。我们在搬迁期间配备对讲机、工作服，规范停车秩序，实行定人、定车、定号、定位的"四定"管理措施，做好交接。一车又一车的书箱和书架卸载后，突击队员们再手提肩扛搬到各个楼层。大家有条不紊，忙而不乱，按搬迁计划逐步完成落实。当年大搬迁的任务圆满完成靠的是全馆员工的团结奋斗、顽强拼搏的精神，也凝结着各小队及队员们付出的辛劳和汗水。为了安全高效地完成搬迁任务，突击队员们有的脚磕伤了轻伤不下火线；有的中午一顿能吃6个馒头，下午仍觉得饿；有的自己发烧了仍默默地坚守岗位；有的家中老人重病都顾不上照顾，家里老人病故后留下终生遗憾。

最开始的时候大家心气十足，干劲也十足。但是干了几天之后，体力等各方面消耗得比较大了。我们当时也没有什么太多的物质鼓励，主要就是在精神上鼓劲，通过简报宣传好人好事，调动大家的积极性。最后搬迁工作结束的时候，开了一个联合会，宣布突击队解散，从中也评出了一些优秀分子，予以表彰。不像现在，那时候经费有限，没有什么报酬，主要是精神上的奖励。

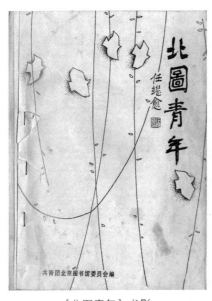

《北图青年》书影

在北京图书馆工作了10年，我对很多往事都记忆犹新。比如，当时创办《北图青年》的时候，我请任继愈馆长为我们题写刊名。任先生毫不犹豫地就答应下来，没过两天就让秘书把题写好的"北图青年"送到了团委，并对我们的创刊号给予了充分的肯定，鼓励我们"要坚持下去，不要半途而废"。后来，《北图青年》成了全馆团员青年思想学习、理论探讨、业务交流、文学习作、丰富知识、陶冶情操的一个园地。

为进一步加强图书馆社会主义精神文

明建设，馆团委在馆党委的支持和帮助下，于1990年5月成立了北图青年合唱团。当时邀请著名指挥家胡德风老师担任常任指挥。他跟唐绍明（后来任北图常务副馆长）一起担任了合唱团名誉团长。他还帮助我们邀请中国音协副主席时乐濛、中央乐团秋里、中国广播艺术团聂中明、战友歌舞团唐江等著名指挥家担任合唱团顾问。另外，解放军艺术学院的孟玲教授，总政歌舞团原常任指挥刘云厚和姚家杰老师，还有音协著名指挥家亚伦·格日勒，中国音乐学院赵碧璇教授，总政歌舞团钢琴演奏家李延、男中音歌唱家郑允武，首都师范大学艺术学院黄爱华副教授等，都对我们的合唱团给予了很多指导和帮助。

　　1991年，北图合唱团在馆党委及各部门的大力支持下，在各方面专家的帮助下，经过全体团员的共同努力，在北京音乐厅获得了北京第三届合唱节一等奖。由我（笔名"思菲"）和中国交响乐团作词家王凯传合作作词、中国广播艺术团作曲家张丕基作曲的《我们的事业灿烂辉煌——中国图书馆员之歌》，获得了北京第三届合唱节创作奖。

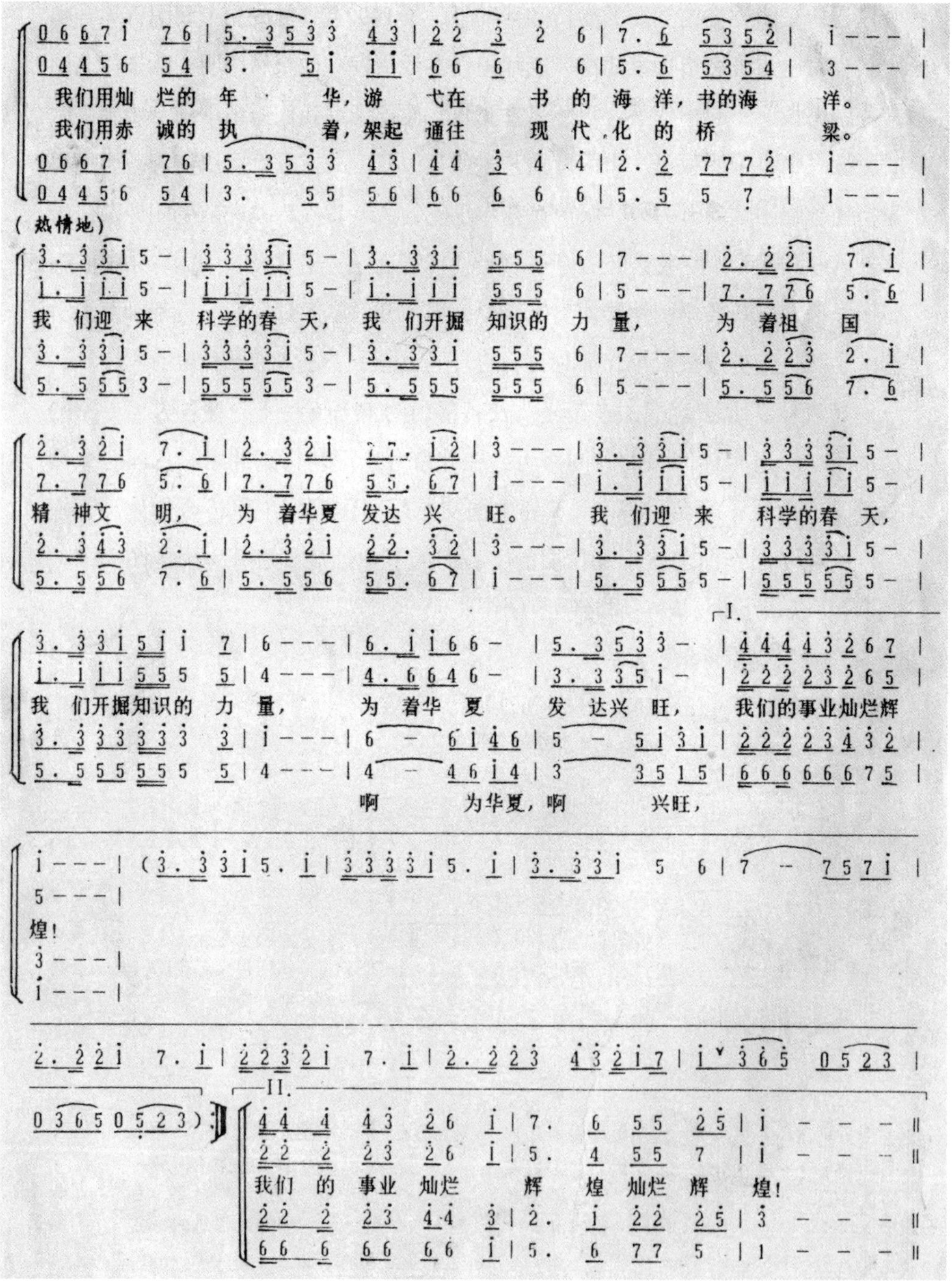
我们用灿烂的年 华，游 弋在 书的海洋，书的海 洋。
我们用赤诚的执 着，架起 通往 现代化的桥 梁。
（热情地）
我们迎来 科学的春天，我们开掘 知识的力 量， 为着祖 国
精神文 明， 为着华夏 发达兴 旺。 我们迎来 科学的春天，
我们开掘知识的 力 量， 为着华夏 发达兴旺， 我们的事业灿烂辉
啊 为华夏，啊 兴旺，
煌！
I.
II.
我们 的 事业 灿烂 辉 煌 灿烂 辉 煌！

《中国图书馆员之歌》歌谱

采访手记

在采访韩德昌馆长的时候，他多次强调当年的搬迁不能忘记的两支重要力量，除了卫戍区的官兵之外，就是当年北京图书馆的青年突击队了。记得我在馆档案室见过一张当年突击队的合影，人像很小也不清晰，依稀能够辨认出一两位熟悉的前辈。

2017年10月举办的"国家图书馆总馆南区建成开馆30周年座谈会"上，我见到了当年突击队的指导员马小林和大队长姚家华二位前辈。但因为座位离得比较远，加之那天人多，我们并没有打招呼，甚至于连他们的长相我也没有看清楚。

时间一晃过去近3年。由于遭遇新冠疫情，自2020年春节假期结束，大家就开启了居家办公模式。2020年4月中旬的一天，我突然接到研究院马涛老师的邮件，说馆里准备出版几本馆史资料，其中就有我们中国记忆团队完成的这本口述史。兴奋之余，我赶紧构想和组织资料，当年"突击队"的故事再一次进入了我的脑海。

中国记忆团队与马小林先生合影

　　2020年6月11日，马小林和姚家华二位前辈应邀来到国图口述采访室，接受中国记忆团队的采访。回想当年搬迁的时光，虽然具体的人和具体的事情已经模糊了，但是"突击队精神"深深地印在了他们的记忆中。

中国记忆团队与姚家华先生合影

　　那天采访结束，得到消息说，时隔五十多天，西城区又确诊一例新冠肺炎感染病例。有些担心之余，更多的是暗自庆幸，幸亏我们的采访结束了！从2017年到2020年，跨越了3年，这次是真的是我们"30周年"项目的最后一个采访了。

第四章

用尊重的方法
去整修

受访人：崔愷
采访人：李东晔
时间：2017 年 3 月 30 日
地点：国家图书馆口述采访室，北京
摄像：田艳军、赵亮
其他在场人员：胡建平

崔愷，1957 年 8 月生。毕业于天津大学。中国工程院院士，现任中国建筑设计研究院总建筑师。国家图书馆总馆南区整修改造工程（2010—2014 年）总负责人。

一、背景

1.作为一个社会事件的建造

国家图书馆总馆新馆建设的时候我还在上学。当时叫北京图书馆，我们一直叫"北图"。对于北图的建设，那个时候不仅仅是我们建筑界的人，而且整个文化界的人都非常关注。

当时"文革"结束，百废待兴。北京图书馆的建设，我们一直听说是周总理亲自关心的，甚至是他的遗愿之一。我那时候在天津大学上学，我们的老师经常会念起，说现在北京图书馆正在建设，汇集了全国知名的专家。那个时候不是现在的这种市场操作。那个时候国家的重点项目，像这种项目，都是汇集全国的建筑师，到北京住着，集中一段时间，集体创作。我印象里，那个时候像毛主席纪念堂也是采用这种方式。

2.关于风格

我从大概是大学三年级、四年级开始，一直延续到后面读研究生的时候，通过建筑的杂志，还有老师给我们看的一些图片，看到当时北京图书馆的方案，设计的一些效果图。这些图也有做得很现代的，画得很漂亮的钢笔画。比如我印象很深的，东南大学，当时叫南京工学院的教授钟训正先生。他后来也是工程院的院士，现在也都 80 多岁了。他那个时候画的钢笔画非常漂亮。那时候，我们都很喜欢现代建筑。坦率说，他的方案是我们当时最喜欢的。但是后来看到最后选中的方案，却是一种有中国特色的建筑。应该说这种风格可以回溯到20世纪30年代，一些中西合璧的大学校园建筑，老北大（北京大学）、老武大（武汉大学）都是这种风格。所以我也觉得，因为这是一个文化建筑嘛，它确实需有文化的传承。所以那个时候我对北图项目所代表的这种风格，所代表的文化传承，也是多少开始有一点认识。

说起来还有一个细节，就是我那个时候正好认识我现在所在的中国建筑设计研究院（当时叫建设部设计院）的一位建筑师沈三陵老师。所以我过暑假的时候，就愿意到设计院里来转转串串，看看大家都在干什么。我印象很深，当时在院里工作的陈世民建筑师正在画北图的一张效果图。那张图是从紫竹院方向看过去的，画的是桃花盛开，淡绿的建筑和公园的环境相结合，给人印象特别好。画幅很大的，大概是比零号图板还要稍微大一点的一张图。但是很可惜我不知道这张图后来存在哪了。那个时候效果图都是水粉手绘的。所以当时我就觉得，毕业后一定要到这个设计院来工作，因为它做的是国家级的项目。设计文化项目是我们特别向往的。所以后来我毕业的时候，学校希望我留下来教书，甚至后来听说清华大学也去要过我，因为那个时候大学生很少嘛。可是我还是一门心思，一定要到这样的设计院来工作。

所以，想一想，国图的建设，对我这个小小的年轻人，还有这样一个影响，让我回忆起来还是心有感动的。

二、记忆与担当

我参加工作以后，当时北图新馆项目正在施工的后期了。当时有些老同志也带我们到现场看一看，我还是有点印象。

当时比方说有些新的技术，像模壳技术，作为结构创新是我们院的老结构总工程师李培林创作的。那个时候全国的很多图书馆都在学习北图的结构方案。再比方说从瑞士进口的热熔玻璃，对滤光、对保护书籍的一些功能，我们当时觉得很新鲜，没有见过。还有，虽然这是一个大的国家级图书馆，但是里面有很多的园林、院子，巧妙地结合阅览空间所营造出的文化氛围，这些给我都留下了非常深的印象。因为当时我们院里老前辈不仅仅做建筑设计，实际上室内设计也是院里室内设计所的老前辈们做的。所有这些都给我留下很深的印象。

所以当我们有机会参加新馆的改造的时候，我是由衷地感到，这是一种工作的延续和文脉的传承。第一，我们要保证原来的建筑不走样；第二，我们老前辈做的东西，要尽量多留一点，或者说我们尽量不去伤筋动骨地进行改造。可能在我们国家这些年的大型建筑中，都是大拆大改，没人心疼这些以前的东西。谁来了都是要重新创造，都是要显示自己的某一种创意的价值。这个态度是很普遍的。但是我一直觉得，这是一个很大的问题。文化不仅仅是一个口号。文化的传承，在自己的工作当中就要体现出来。当时这个项目的改造蛮有挑战性的。因为在这之前，刚刚经历了中国美术馆改造。而且那个改造，我觉得总体还是成功的。那是戴念慈先生做的。我小时候经常去美术馆，因为我就住在景山东街。所以在我印象里，那是非常高大的、清秀的一个建筑。那儿改造完了以后，因为材料变了，就是从原来的很小的、很精致的面砖变成了石材，我个人觉得好像尺度上不太对。当然我也长高了，对建筑的尺度的认识，也不一样了。可是我仍然觉得，这种儿时的记忆，有时候是非常重要的记忆。

所以当时我在开国图新馆的改造会的时候，就提出来有关原来使用的面砖的问题。虽然这个面砖不是多么不得了的一种材料，但是当时我们的前辈，认真地去画这些面砖的排法，然后去定制这些面砖，而且这种蛋青色的面砖后来也很少见。所以，我就提出这个东西能不能不改。

可是一说改造，国家就有要求，一个是抗震加固，一个是节能保温。所谓保温，现在的一种我特别反对的做法就是好像给建筑要穿一件棉衣，把聚苯板贴在外墙上，好像这建筑就节能了。可是聚苯板是一种非常轻的发泡材料，它最大的问题就是不耐久。这种材料实际上不仅仅它自己不耐

中国记忆团队采访崔愷院士

久，跟其他的材料结合还会造成其他材料的不耐久。比方说在聚苯板外边要是刷涂料，涂料很快就会裂了；要是在外面贴面砖，面砖非常容易剥落；要是外面挂石材，还得重新上一层龙骨，得单做。虽然在节能上它确实起到一定的作用，但是却带来了建筑寿命的大幅度的降低，我是比较反对的。所以我当时说，想象一下，把这个建筑用聚苯板包一次，然后外头再换成石材，且不说原来的面砖全看不见了，而且原来老前辈仔细推敲过的建筑的构件、尺寸可能也都变了。因为它会变粗啊！柱子也变粗了，墙也变宽了，甚至很多窗口屋檐都会变厚了。我觉得在建筑美学上，这些细节就会受到很大的威胁。

我个人考虑，能不能不做这种外包式的改造？可以做内保温的改造，用其他的方法也可以提高它的功能。好在当时开会的专家，有好多人有同样的观点。最后经过仔细论证，发现那个时候施工质量应该说比现在要好。当时都是老工匠，技术水平高；现在都是农民工，没有经过系统培训的。这么多年下来，北图外墙面砖整体破损不多，质量很好，少量剥落是有的。因为实际上面砖的剥落有多方面的原因，施工上可能也有问题，但是更多的是因为使用当中需要维护保养，但是没有到位。还有，可能在使用当中内部墙体有一些渗漏，所以内部的水气的侵蚀也会造成面砖剥落。这有多方面原因。我最近设计的另外一个小项目，也有面砖剥落的问题。后来我到现场去看了，也不是施工问题，就是使用当中的一些保护不够。国图新馆绝大部分的面砖，都还是保持了挺好的状态。当时我记得，当初施工当中还留下了一些存货，很适合将来的修补。这些条件都具备，我觉得是将面砖保下来的很大的一个前提。否则的话，国图新馆可能就会出现改头换面的毛病。

三、关于"修旧如旧"

"修旧如旧"一般来讲是对文物建筑的，因为原来咱们在提这个口号之前，很多文物建筑被修坏了，一下子都修新了，那种历史感都没了。但是对20世纪80年代初建设的国图新馆来讲，按说本来到不了那样的一种要求。大家可能也都希望国家级的文化建筑，应该是整得"新"一些。

对"新"这件事，我不是特别地抵触，但是我特别尊重我们的前辈，尤其是他们的功力，他们在推敲建筑上所做的很多细节都很严谨。应该说，我们后人的基本功都没有人家老先生扎实。所以我说，我们一定要用尊重的方法去整修，去维护它原来的设计品质。这是我更看重的一点。在对一些历史文化街区，包括一些工业遗址的改造当中，我们挺满足于那种陈旧的感觉的。甚至破烂的感觉，我们都认为是时间的痕迹。但是对国图，我们没有这样一种看法。我们认为这就是一个完美的建筑，应该不断地保持它的庄重、典雅的气质。所以我觉得这是我们在整修的时候所追求的。

另外一点，我觉得就是建筑内部有很多地方，经过很多年的使用，经过数次设备的调整、更新，很多地方的吊顶坏了、漏水，还有一些管线问题等。对于抗震加固，实际上当时也有很多争论。按照有关抗震专家的意见，肯定按照新规范，要求大规模地改造和加固。加固呢，可能对建筑也有一些伤筋动骨的问题。我印象中当时馆里也提出来，要是把所有藏书腾出去再进行改造的话，要建一个大型的临时库房。那代价也是很大。当时财政部大概也没有这笔资金。所以就说能不能少做这种加固。后来我们也专门做了一些论证。因为国图新馆是在1976年唐山大地震之后建成的，当时已经是按照抗震的新标准来做了，应该说能达到基本抗震的要求。所以我专门请教了我们院负责结构的老总。他当时是做这个结构设计的主持人。他说应该没有什么太大的问题，但是在改造的过程当中，如果有条件的话最好进行适当的加固。所以我们后来就采用了这种方法，没有进行整体的抗震加固。

还有一点，就是对里边的一些重要的装修构件，比方说大厅里的整体材料、吊灯，还有里边的一些空间格局，我们做得都是比较仔细的。我们先查看原来的图纸，然后看现场。按现在大家对这种国家项目的理解，可能希望更加华丽一点，因为现在有钱了嘛。当时用的很多的小面砖、小的马赛克，都算比较经济的材料。当然，在用的过程当中有很多剥落。到底怎么去处理这些事，我们也是都经过推敲的。我想，有的是应该换，但是换的时候能不能够保持原来的色调？因为色调是一个系统，一旦一个元素变了，其他的部分也要跟着要进行调整，结果就是大家不认识了。也就是说，外边看上去还是原来的北图，但进去以后，怎么好像原来的感觉都没有了。我们还是很重视这个的。所以我觉得，我们在整个的改造过程当中，是一种自我控制型的、一种收敛型的改造。就是手要轻一点，不要太重，质量要提高。但是从设计的角度来讲，要尽量保持原来的感觉。里边的一些空间的调整，还有一些包括吊顶在内的设备肯定要比原来更新了。我印象里当时空调已经经过了改造。弱电、强电，还有很多的系统都要改造。所以我们还是做了很多工作的。

四、现场设计

因为这种改造项目比较麻烦，说实在的，当时我们院里很多工程师都更愿意忙别的项目。所以怎么把他们组织起来做这个，我们在院里也做了一定的协调工作。这也是我们的责任。

因为设计是工程最重要的保证，所以我就很多时候会带着团队到现场做一点协调。而且后来我们也是觉得，改造项目进行当中还有个特点，就是完全靠画图，拿原来的图转成新的图纸，这个方法也不太靠谱。因为很多东西在使用过程当中已经变了。所以我们后来有一段时间，都是跟清华工美①的设计师一起做现场设计。他们每一次都是领着我看，"这块怎么处理？"那我就提一个设想，甚至在现场画一点草图，他们就去做样板。过一个星期做好以后，我再来看这样行不行，那样行不行。通过现场设计，我们解决了不少问题。尤其是很多的空间交接的地方，图纸上原来反映得不是很清楚。这种做法我觉得挺有意思。

所以我觉得，整个的修整历程，一个是我们对前辈的尊重，一个是我们对文化建筑的一种态度，还有一个就是对工程的责任感。对国图新馆的整个改造，我觉得对我们来讲，也是一个很好的收获。所以做完以后，我们建议，能不能开个研讨会。因为这不是一个简单的修缮工程，实际上是带着某种文化传承的意向。我们应该进行一次总结，并且将这一次改造完的所有资料很好地保存起来留给后人。因为将来再过多少年，可能还要再进行改造。这样的一种价值观，这样的一种资料，实际上都是文化传承的很重要的一个基础。我觉得，这工程我们做得多辛苦并不重要。最重要的就是，操作的整个过程是在一个传承的脉络上。我觉得这一点是很重要的。

五、回到工匠时代

我一直很忙，虽然现场设计确实要花费很多额外的精力，但是我这个人很愿意下工地。因为工程在全国各地，我差不多有三分之一的出差是跟工地

---

① 指清华大学美术学院，原中央工艺美术学院。

有关系的，所以我觉得下工地对我来讲也不算是负担。我特别愿意看到工地上的进展状态，也喜欢工人们围着我，听我说要怎么做，然后他们很高兴去帮我试着做一遍，我再去挑毛病，给他讲解，他们非常专注地听……所以每次我到工地，我特别喜欢见的人就是这些工长。有些时候会变成他跟我的一种切磋。他说你这么做，我给你试一试，但是还有没有别的办法。包括材料的交接，包括一些细节的构造，等等。我觉得这就是一种互动，而不再是一种照图施工，做错了必须得改。我觉得这个感觉非常好。有些时候我们年轻的设计师，包括我们的室内设计师，他们做得也不太到位。所以作为总设计师，我到现场的责任就是，一定要把这些事协调好。是我们的事，我们赶紧补图；是这个现场定的方法不对，我们跟进做调整。我觉得这个也是我们的责任。我也觉得这是特别融洽的一种操作模式。

我印象里，北图新馆刚刚建成的时候，国内整个家具行业还没有很好地发展起来，所以家具样子是稍微地古板一点，但是也有那个时期的特点，都是木桌椅，木本色。后来因为家具产业五花八门，我偶尔也来国图，就发现家具比较乱，选择没有太多的控制性，可能哪个部门要换家具，自己就选了。所以这次改造的家具选择，虽然并没有完全都是由我们来控制，我也做不到这一点，但是我建议最好有一个系统性方向再选择。再一个，我觉得原来我们前辈的选择比较有文化性。比较质朴一点的这种方向，我觉得还应该坚持，不要说现在什么好、什么时髦就用什么。

国图我还不太了解，做其他图书馆设计的时候，尤其大学图书馆，我们经常特别揪心的一件事就是，整个设计装修都做好了，但家具选错了，最后那效果你就觉得都没地儿找人说理去。为什么呢？因为家具是另外一个部门来管采购！我们只跟基建处打交道，可是家具不归基建处管。有的学校，好像物业管理处或者类似这种的部门来负责。选家具的人跟建筑师不见面，整个建设的理念、过程他都不了解，甚至他都不了解室内的效果图上原来画的家具什么样。他就是招投标，然后请校长来看哪个好，把校长领到这个"陷阱"的跟前。这实际上是非常不负责任的。因为校长并不了解家具跟空间的关系，就想当然地选了。这个校长喜欢这个，那个校长喜欢那个。好！就都搬进来了。可是最后，完全达不到建筑师所要的效果。因为家具在图书馆当中比重很大，视觉看过去需要是统一的。像我印象里，北图建成的时候，比方说，驼灰色的地毯、水曲柳的家具，包括桌椅、书架，包括上面装饰的东西都是一致的，所以看上去特别温馨。大窗子的窗框都是古铜色的铝合金，所以感觉很淡雅。没想追求什么"我是不是有钱"这种概念，就是收拾得非常干净利索。当然，后来在选这些阅览室的家具的时候，我一直是在这样的印象的引导下进行的。当然可以有些变化，比方地毯，可能也不是完全合适了，后来选橡胶地板或者是塑胶地板，色彩是不是希望也淡雅一点。当然我们也希望有的部分是不是可以稍微有一点变化，也不完全都统一。这些我觉得还是我刚才说的，就是对前人工作的一种敬重。我觉得，原来的记忆是我的经验，也是支撑我做出新的判断时很重要的一个参考。

六、建筑使用说明书

特别应该说到的一件事，就是建筑是专业性很强的一个行业。但使用者呢，又来自各行各业，对"建筑"不太了解。即便是国图馆方的工作人员，因为大家可能是图书馆学的，或者其他什么专业的，对建筑这件事也不是太了解，但是大家又都是建筑的使用者。

就像所有的服务行业，提供的产品都应该有一个说明书。而建筑一直没有说明书。建筑只有设计说明，是给施工单位看的。最后施工单位用完了，设计说明就跟图纸一起归档，可能只有少量的搞物业管理的人会看到。所以我觉得编制建筑使用说明书这件事，应该在行业里进行推广。我们从四年前开始为建筑编制使用说明书，这算是我们的一个科研项目。我们需要有一个系统性的编制的过程，因为这跟我们写设计说明是不太一样。设计说明是给专业的工人或者是施工单位的工长写的；使用说明书，更多面向的是对建筑不了解的人。所以我们一定要从末端开始，从问题的发现，到问题的解决，追溯到设计，到施工质量。建筑的使用说明书是这样的一种倒回来的一个一个脉络。当然这个脉络比较直接。比方说发现漏水了怎么办？发现掉漆了怎么办？发现什么部件坏了怎么办？建筑的使用说明书就是要说明第一步应该要干什么。比如说要告诉管理人员，管理人员要告诉物业管理。物业管理看了，能处理的就处理了。处理不了，如果还在工程的保证期，他就要找施工单位；如果过了保证期，他就要找维修单位。比方找到设计院或者找到原来的施工单位，去研究到底是谁的责任，是设计的问题还是使用上的问题。我觉得这个非常重要。当然这个信息量很大。我们不能采用编一本书的办法。因为那样的话谁都懒得翻，谁都看不懂，像一本天书似的。我们现在是跟软件公司合作一起编。编完了以后，就像我们的手机界面一样，使用起来非常轻松。使用者坐在图书馆里，比方空调风太大了，可以点开看看到底是什么原因。如果愿意追溯的话，还可以找人解释，或者调试。再一个，我觉得在物业管理这个层面上，我们要提供的信息就是，什么材料使用多少年需要更新、什么时候需要清理。比如说涂料，一般来讲，室外要求是五年，室内可能十年就要更新了。物业要定期更新。设备也要有一个保养的机制，这个一般来讲，负责任的或者受过培训的物业管理人员，应该是知道的。但是作为具体的建筑，我们要把这些具体化。就是这些信息，包括一些图纸、相应的一些设备系统图，都应该在这个软件当中呈现出来。这样的话物业公司就了解了。当然，物业公司不能修东西，只是保养或者是维护。修的时候需要找到施工单位和设计单位。

现在我们这个行业也在推广终生负责制，所以近几年竣工的项目，都要我们签保证书，是"五方责任制"[①]。但我仍然觉得这个事跟国际还没接轨。国外一般来讲，都是总建筑师负责制。因为建筑师有巨大的话语权，施工单位做得质量不行，建筑师可以一票否决，所以甲方只需要站在建筑师的后

---

① "五方"是指建筑工程五方责任主体：承担建筑工程项目建设的建设单位项目负责人、勘察单位项目负责人、设计单位项目负责人、施工单位项目经理、监理单位总监理工程师。

面、等着建筑的交付。而我们现在是甲方也在前面，勘察师、建筑师也在前头，然后还有监理，当然还有施工单位，所以大家就是变成分责。当然分责也行，反正都有人签字。但要出了事，这五方就得讨论了，互相扯皮、打官司，最后确定是谁的问题。我们曾经碰到过类似这种事。但是我们觉得一个好的项目，如果这五方精诚合作，应该说不至于出现什么大的问题。我们只需要把如何维护、管理这个建筑的信息，告诉给使用者，告诉给管理者。

我希望在不久的将来，我们这个软件能通过行业的认定。假如这个软件能够推广的话，希望我们能够抽一段时间，把国图的设计资料系统地输进去。因为我们现在编的是一个模板，先拿一些小型的项目在试，有的设计资料已经装进去了。当然，这个服务也要有经费来支持。原来工程结束，一般由施工单位来编制"竣工图"，最后存到建设档案馆。现在我觉得这些资料，至少它的一部分的文件，应该是放在我们的建筑里边，成为大家可以查询的信息。我觉得这个是很重要的。

采访手记　　　2017年3月初，我突然接到"国家图书馆总馆南区建成30周年"专题口述史项目的采访任务。3月下旬的一天，国图基建处的高级工程师胡建平打来电话说，近期可以采访南区改造工程总负责人崔愷院士。当时，这个专题尚在规划与设计中。作为采访人，我还没来得及做好功课和准备。但胡工说，崔院士马上要出国3个月，走之前要来国家图书馆跟馆长会谈，我们可以借此机会做一个采访，给我们半小时时间。

对于崔愷，我当时除了听说过这个名字以外，其余一概不知。时间紧，任务重，我赶紧求助于网络，胡工也贡献了宝贵的资料，将崔愷在南区改造过程中的16次现场设计工作记录交给我。最终，采访时间定在了2017年3月30日上午10点。

在正式采访前从未与受访人见过面，甚至都没有电话沟通过，这是口述史采访的大忌。然而，面对这次专题口述史采访的时间要求和条件限制，采访工作就这样势不可挡地拉开了帷幕。我诚惶诚恐，又有些焦虑……

匆匆赶来接受采访的崔愷院士

3月30日早上，我和两位摄像经验丰富的同事田艳军和赵亮早早地等在了采访地点——中国记忆口述史采访室。生怕耽误了留给我们的这宝贵的半小时，我们甚至连厕所都不敢去。10点到了，人没有来；10点半到了，人还没有来。给胡工打电话，不接；给他发微信，没回音。就这样，我们三个人茫然地等待着……

过了11点，终于接到了胡工的电话："我们马上过来！"当时，我正准备出门打水，立马掉头回来。赵亮拿起照相机，冲出门去，此时，胡工已经陪着崔愷出现在了走廊的南端。崔愷面带歉意地笑着说："跟馆长聊得太嗨了，来晚啦，抱歉啊！"

采访进行得很顺利，原定半小时，实际上聊到了45分钟。与之前想象的可能"有些小傲慢的"院士老总不同，崔愷给我的印象是一位有良知、有责任心、有深厚人文关怀，也不乏风趣的建筑师。

他记得当年北京图书馆建设新馆的时候他还在天津大学读书。在那个时代，他们都特别喜欢现代建筑，自己还清楚地记得当时他们都特别喜欢南京工学院（现东南大学）钟训正先生的方案。但是当他后来看到现在的这个比较传统的方案的时候，也开始慢慢认可这种文化上的传承。

他说，自己是带着崇敬的心情来做这个改造工程的。他认为一定要用尊重的方法去整修，去维护它原来的设计的品质。

在整个南区改造的过程中，崔愷采用了一种回归"工匠精神"的方法。他说自己特别喜欢去工地跟工长或工人们现场互动切磋，"通过现场设计，我们解决了不少问题。"他认为整个的改造过程，体现了对前辈的尊重，对文化建筑的态度，还有对工程的责任感。

采访最后，我问崔院士，在整个改造工程中有没有遗憾的地方。他迟疑了一下，说："我个人的一种希望，国家的图书馆应该是一个是非常开放、一个非常友善的建筑。我希望它能有更多的空间可以给读者进行使用。这个建筑从规划设计开始就是一个园林式的建筑，这里面有很多的院子。所以我当时提出来，能不能让读者进到这院子……"当年，老一辈的建筑师们在构想和设计北京图书馆的时候特意采用了中国传统建筑围合式的特点，用一个个内庭院将12个单体建筑连接在了一起。但由于各种原因，国图总馆南区的这些内庭院一直没有对外开放过。

那天工作结束，我在朋友圈里写道："采访成功，等待值得。"

附录一　北京图书馆新馆工程纪事（1975—1987）

谭祥金

一、原由

北京图书馆是我国国家图书馆。它的前身是清末的京师图书馆，其馆藏继承了南宋辑熙殿、明朝文渊阁及清朝内阁大库的藏书。辛亥革命后，由北京政府教育部接管。1912年8月27日，开馆接待读者。1931年，北海公园西侧的文津街馆舍落成。

1949年新中国成立时，藏书140万册。随着事业的发展，平均每年增加50万—60万册藏书。书刊资料分散在文津街、西四、柏林寺、北海和故宫等处，不仅读者使用不便，而且保管条件极差。馆舍拥挤、设备陈旧、资金短缺和人员不足，已成为北图的主要问题，与国家和人民的要求相差甚远。60年代曾计划在景山东街筹建新馆，但未能实现。到了70年代，实在难以维持，考虑在原馆址扩建。

1973年10月，周恩来总理看了北图在原地扩建计划和模型以后指示说："只盖一栋房子不能一劳永逸，这个地方就不动了，保持原样，不如到城外另找地方盖，可以一劳永逸。"遵照周总理的指示，国家文物局和北京图书馆组织人员进行调查研究、选址和制定方案。1975年3月3日，国家基本建设委员会向国务院上报《关于北京图书馆扩建问题的意见》，提出三个方案：第一方案总面积为18万平方米；第二方案为16万平方米；第三方案为15万平方米。对这三个方案看法不完全一致，建议按第二方案批准执行。

1975年3月11日，周总理在国家基本建设委员会的上述报告上批示："按第二方案建筑，高度拟为十层（含地下一层），每层5米，是否地面上高45米或更高，妥否，请与万里同志一谈。"

1975年4月，万里同志对扩建工程的建筑用地、高度、投资和设计问题提了具体意见。万里同志指出：选址用地要搞一个长远规划，分期分批地建，把皮鞋厂和园林局都搬走，使图书馆能紧靠紫竹园公园，读者看书疲倦了，一抬头就能望到美丽的园林。用地一定要合理，这是百年大计，要给下一代留些余地。至于高度那个地方高一些没有什么，读者服务场所不要超过五层，四层就可以了。关于设计，要把中国与外国现有图书馆使用中的问题摸清楚，把正、反面的经验总结一下。设计方面要搞老、中、青三结合，搞些方案出来。一个叫实用，要把国内外的经验教训很好总结一下；第二要采用国内外的现代化技术；第三要搞好总体布置，要使用方便；第四就是外观了，要能表现出新中国的风格。要搞一个班子，要做大量的分析研究工作。在投资问题上，首先把使用问题要考虑周到一点，在这个条件下考虑投资。我们国家穷是穷，再穷也要把一个国家图书馆搞好。北京图书馆不是一般图书馆，有国际影响，要建得好一点，在建筑中要考虑采用新技术。

1975年4月30日，国家计委发出《关于批准北京图书馆进行扩建的通知》。通知指出：北京图书馆扩建，经中央和国务院领导同志批准按第二方案进行。建设规模：藏书2000万册，设3000个阅览座位，建筑面积16万平方米，投资7800万元。

二、设计

1975年5月开始，由国家建委副主任宋养初同志主持，邀请建工部建筑设计院、中国建筑西北设计研究院、北京市建筑设计院、上海民用建筑设计院、广东省建筑设计院、清华大学、同济大学、天津大学、南京工学院、哈尔滨建筑工程学院等十多个单位进行方案设计。

当时设计的指导思想是：根据北京图书馆的方针任务和服务对象，新馆建筑应按照适用、经济、在可能条件下注意美观的原则，要能体现人口众多、历史悠久、文化典籍丰富的多民族的社会主义国家图书馆的特点和风格。在大体有个远景规划的统一布局下，安排分期建设，要留有充分发展余地。本期先建可以长期相对稳定和基本配套的主体工程。设计上应做到便于读者使用和内部管理，处理好读者活动场所、书库、图书加工和其他用房三者之间的有机联系和特殊要求，做到布局合理，使用方便，并根据实际需要与可能条件尽量采用现代化设备，以便提高工作效率和服务质量。

1975年12月22—29日，在北京召开了第一次设计工作会议。最初提出114个方案，经过多次讨论归纳为29个，最后确定为3个方案。1976年5月25日，国家文物事业管理局上报《关于送审北京图书馆扩建工程方案设计的报告》，认为三个方案各有特点：第一方案围绕功能分区的要求，构成具有民族风格的庭院式建筑群；第二方案平面对称严谨，造型匀整庄重；第三方案立面简洁明朗，建筑密度较小。在三个方案中，倾向于第一方案。在第一方案的基础上，吸取二、三方案的优点加以修改，以求进一步完善。

1976年6月，三个方案模型、透视图送北京市审查。1978年2月，建工部提出由建工部建筑设计院和中国建筑西北设计研究院、北京市建筑设计院组成班子修改方案。同年6月，建工部决定设计工作由建工部建筑设计院和中国建筑西北设计研究院承担。9月15日，成立设计领导小组。9月21日，传达李先念等中央领导同志对方案的意见，建筑设计院进行修改。10月中下旬，修改后的模型及透视图送国务院复审。11月下旬，谷牧副总理批示新馆方案经国务院批准。

1979年5月14日，建筑设计院和中国建筑西北设计研究院在北京集中进行扩大初步设计，并于11月23日完成，历时半年。1981年3月16日，国家建委正式批复扩初设计报告，新馆规模为138726平方米，宿舍21500平方米，投资9455万元（电子计算机等专用设备暂缓）。4月15日开始施工设计，1983年6月完成。

三、施工

施工的先决条件是清理场地，做到三通一平（水通、电通、道路通，土地平整）。新馆址确定后，面临着艰巨的征地和拆迁任务，拆迁单位包括皮鞋厂、北京市园林局和自来水公司的部分单位，要负责给他们另选地址，施工重建。重建的面积有皮鞋厂12950平方米（另自加13000平方米同时建设），北京市园林局7891平方米，自来水公司324平方米，白石桥生产大队1710平方米，共计35875平方米。新馆工程占地7.42公顷，预留地3公顷，共计10.42公顷。对于所征土地，除按国家有关规定付款外，还将原生产队的109名农民吸收为我馆职工。进行征地与拆迁工作从1975年6月开始，直至1983年6月地面上建筑物全部清除，费时长达7年之久。

在施工过程中，由于材料涨价和取费标准提高、部分设备改为进口、增加了空调和电子计算机投资，因此要对原投资概算作适当调整。经国务院批准，1985年4月30日国家计委批复文化部《北京图书馆调整投资的报告》，概算由原批准9455万元调整为2亿3000万元。并指出北京图书馆是国家重点工程，计划、设计、施工、城市规划等部分要通力合作，积极支持，把这项工程尽快建设好。

新馆工程施工由北京市第三建筑工程公司总承包，几千名技术人员和工人日夜奋战，1983年9月23日举行奠基典礼，同年11月28日正式开工，1987年7月竣工。用三年半的时间建设这样一座大规模的建筑群，速度是快的，质量是好的，雄伟美丽的北京图书馆新馆，是所有建设者立下的丰碑。

在建设新馆过程中，为了借鉴国外的经验，曾专门组团对日本和英国进行考察。为了土建和专用设备曾派员赴美国、加拿大、日本、西德、瑞典、瑞士、匈牙利以及中国香港等国家和地区进行考察和培训。另外，近年来我馆人员凡出国访问、学习或参加国际会议时，也注意了解有关国家的图书馆建筑及设备情况，供新馆建设参考，这些国家包括朝鲜、苏联、委内瑞拉、肯尼亚、奥地利、斯里兰卡、新加坡和菲律宾等。

四、设备

1.土建设备。新馆建筑防火设计符合我国有关防火设计规范，建筑耐火等级为一级，设置了防灾报警设备。

为了提高工作效率，缩短读者候书时间，在出纳厅和书库之间安装了借阅单气力输送系统和自走台车运书系统。

对于空调、采暖是根据不同的功能采取不同的标准和方式。采用三台冷冻机组为冷源和锅炉集中供热的空调系统。全馆设有空调集中控制，管理主机，对温度和湿度进行遥测，对空调机组进行起停、运行监视和故障报警。

供电列为了一级负荷，由两个变电站分两路10KV高压独立电源供电，同时工作，互为备用。全馆照明采用国内外多种灯具，室内照明以日光灯为主，室外照明采用高压钠灯。除正常照明外，还有节日照明和事故照明装置。

电话采用1200门程控式交换机装置，还有有线广播、共享天线电视接收系统。全馆共有大小电梯21部。

给水由城市管网供给，主体内分设三个供水区，分别由泵房内设置的分区加压水泵供给，自成系统，并连成网络，必要时可互为备用。污水分别由中和池、化粪池排入城市污水干管，雨水采用暗沟排入馆区南侧的长河。

2.专用设备。家具根据功能的要求，体现各自的特点与风格，按照实用、经济、美观的原则设计和制作。钢制家具63种36000件，木制家具分为中文、外文、善本和办公四个系统，共计233种18500件。

为了保证书刊资料的安全，在开架阅览室设有防窃设备。此外，还有视听、缩微、复制、印刷、装订和同声传译等设备。

新馆将应用电子计算机。我们的目标是建立能处理多文种、具有多功能的联机实时计算机系统，成为我国的书目中心。根据业务领域、工作任务、技术成熟和工程进度的区分，将书目自动化系统划分为四个相对独立的子系统。它们是：采编检索综合子系统；流通管理子系统；书目产品生产子系统；善本存贮检索子系统。将选用和开发适用的应用软件和计算机系统，分阶段实现，整个系统要在1995年完成。

上述设备多数是国产产品，部分产品是国外进口的，基本上达到国内外先进水平，为实现我馆各业务工作的自动化，更好地为读者服务，促进我馆从近代图书馆向现代图书馆过渡打下了良好的物质基础。

五、规划

业务规划工作是新馆建设的重要组成部分。所谓业务规划工作就是图书馆管理和业务人员组成班子、参与建设新馆的全过程，在设计时使建筑物满足功能的要求，在建设过程中积极配合，建成后安排如何使用。在建设北图过程中，注意了这一工作，建设初期成立了规划小组，但工作时断时续。由于工程建设的需要，于1985年9月成立新馆规划办公室，负责新馆规划和专用设备的购置。在调查研究的基础上，经过多次讨论，制定了《北京图书馆新馆规划工作的若干原则问题》的文件，其指导思想是：根据我馆的奋斗目标，按照国家图书馆的要求，精心安排，尽可能做到布局合理，使用方便，在新馆开馆时使北京图书馆在社会上树立一个崭新的形象；正确处理工作条件和生活设施之间的关系，对设计中关于生活设施不足的问题设法补救，在可能条件下尽力为读者提供优雅舒适的学习研究环境，为工作人员创造良好的工作和生活条件；在建设新馆与旧馆改革同步进行，建立科学的管理和服务模式。该文件对本馆的藏书组织、目录组织、阅览室设置、服务方式、组织机构作了明确的规定。

六、搬迁

这次搬迁的工作量为藏书1400万册，目录卡片500万张，家具54000件，还有档案、办公用品，共需装运4吨卡车1400—1600车次。这样大规模、长距离的搬迁，在中国图书馆事业史上还是第一次，在世界上也不多见。搬迁的组织工作是一个复杂的系统工程，要严密组织，精心安排。为此，成立了搬迁指挥部，下设调度组、保卫组、总务组、家具组、质量检查组。各部（处）成立了分指挥部，制定了"搬迁工作计划"。

这次搬迁工作总的要求是"优质高效，文明搬迁，不丢不乱，不损不毁"。为了达到上述要求，指挥部制定了北京图书馆《搬迁工作守则》、《安全防范的若干规定》、《馆容管理暂行办法》、《家具发放办法》、《奖惩及劳保待遇的若干规定》等规章制度。

1987年4月25日，召开全馆动员大会，要求全体员工以历史的使命感和光荣的责任感，用对事业的献身精神和艰苦奋斗的创业精神，积极投入搬迁工作，保证搬迁任务的顺利完成。这次搬迁工作得到了中国人民解放军北京卫戍区的大力支持与帮助。

为了进行搬迁准备工作，我们于1987年5月1日闭馆，10月15日在新馆开放12个阅览室和中文外借库，开始接待读者。其他阅览室、目录厅和出纳台等，将陆续开放，于1988年内达到全面开馆。

七、培训

新馆的建成，给我馆向现代化过渡奠定了一定的物质基础，但任重道远，还有许多工作要做。首要的任务是建设一支热爱社会主义图书馆事业的、多专业、多层次，知识结构和年龄结构合理的工作人员队伍。因为工作人员的思想业务素质和文明修养是决定新馆工作面貌的重要条件。

加强培训是队伍建设的重要手段。为此，馆长办公会议通过了《关于职工职业培训的实施意见》。根据本馆的实际情况，本着从工作需要出发，结合工作进行培训的原则，着重抓好四个方面的培训，即职前培训、文明修养培训、实施工作质量标准培训和领导骨干培训。

根据这一要求，有组织有计划地开展了培训工作，并希望在新馆开馆时及以后的工作中，使本馆的职工能具有较好的职业道德和文明修养，熟悉或精通本岗位工作，以使"优质、高效、团结、文明"的馆风能够逐步形成，本馆各项工作有较大的改进。

八、目标

北京图书馆作为我国国家图书馆，在中国图书馆事业史上占有重要的地位，也以其丰富的馆藏闻名于世界。从1912年向公众开放算起，75年中有两次建造馆舍，一次是1931年落成的北海公园西侧的文津街旧馆，一次是1987年落成的紫竹园公园北侧的白石桥路新馆。我们认为，这是在北图历史上两次重大的转折，前者可视为是古代图书馆向近代图书馆转变，而后者则是近代图书馆向现代图书馆的过渡。历史的重担落在我们的肩上，我们的奋斗目标是把北京图书馆建设成为全面履行自己职能的现代化的中国国家图书馆。我们打算分三个阶段实现上述奋斗目标。

第一阶段（1986—1988年）是实现总目标打基础的关键时期，中心任务是建成新馆，完成搬迁，全面开馆。具体的目标有八个：

1.新馆工程以全优标准按时竣工，交付使用；除大型计算机外，各项设备均能及时安装完毕，正常运转；各种家具置备齐全，质量优良；环境布置整洁美观、适用。

2.搬迁工作周详严密，做到进度快、效率高、不丢不乱；最大限度降低对读者服务工作和内部工作的不利影响；进入新馆后尽快建立正常秩序。

3.1987年10月，新馆先开放十二个阅览室和一个中文外借书库。1988年初，（除善本特藏外）搬完全部藏书，并开放全部阅览室。新馆开馆后，管理工作和读者服务工作都应初步具有现代化图书馆的特色。

4.通过改革、制订和完善各项业务工作规范和工作质量标准，全面修改行政管理规章制度，全馆工作质量和效率都应有显著提高。

5.自动化试点工作取得初步成果，试行机编《中国国家书目》，开始发行中文机读目录。

6.各项后勤工作都能达到规定标准，保证各种机电设备正常运转，各种供应及时，员工生活有一定改善。

7.全馆管理工作达到一定的科学水平，做到各项工作井然有序，各部门之间动作协调，整体效益较高；全馆指挥有力，令行禁止。

8.树立起良好馆风，主要内容是优质、高效、团结、文明。工作中事事讲质量、效率；同志关系上时时讲团结、和谐；思想上人人讲道德、理想；行为上处处讲文明、礼貌。

第二阶段（1989—1990年）的中心任务是在新馆和文津街分馆全面开馆的基础上充实提高，大型电子计算机系统调试后开始运转，全馆部分业务工作开始自动化管理。具体目标有六个：

1.全馆业务工作和行政管理工作达到馆订规范的要求，各项服务工作的效率和质量都达到先进水平。

2.在完成大型电子计算机的安装调试基础上，开始建立中西文书目数据库，为全国图书情报部门和读者提供不同载体的馆藏目录和联合目录数据。在开发微机的基础上，开始实现人事、统计、财务、文书自动化管理。

3.深入开展文献研究和参考咨询服务工作，为党、政、军、群领导机关和社会各界提供高质量的定题文献情报服务。

4.有计划地培训馆员，建立起一支适应国家图书馆要求，多学科、多层次，知识结构合理的专业干部和党政干部队伍。

5.加强图书馆学理论和技术的研究，进一步作好为全国图书馆服务工作。创造条件，建立图书馆学研究所。

6.进一步加强国际图书馆之间的联系，扩大书刊交换和互借范围，逐步增加国家图书馆间交换馆员的数量。

第三阶段（1991—1995年）的硬性任务是完成电子计算机的中文、西文、日文、俄文书刊联机采访、编目、检索系统，分期交付使用。全馆工作在不断充实、提高的基础上，开始全面履行国家图书馆职能。至此，可以视为本馆的现代化基本实现。以后的任务，是在这个水平上完善、提高和逐步建立地区性以至全国性的联机网络的问题。

在现有水平上，要在不到十年的时间内达到上述目标，任务十分艰巨，但经过艰苦的努力是能够实现的。

九、结论

北图新馆工程从批准兴建到第一期工程全部完成，历时12年。在此期间，我们国家有一段处于"十年动乱"的时期，还经历了毛主席、周总理、朱委员长逝世、唐山大地震和粉碎"四人帮"等重大历史事件。在这种情况下，工程难以顺利进行是可以理解的。党的十一届三中全会以后，工程走上了正轨，特别是开工以来，进展是迅速的。新馆落成的确来之不易，历经千辛万苦。十二年来，不知有多少次失望的叹息，也不知有多少次胜利的喜悦。在过去的年代里，在每个关键时刻，都得到了党和国家领导人的关怀与支持。方案设计确定后，在拆迁和施工过程中，一些重大问题都是在党和国家领导人的关怀下解决的。

1977年1月，当拆迁工作难以进行时，国家文物事业管理局向国家计委提出了《请准于继续进行北京图书馆扩建工程中拆迁工作》的报告。谷牧同志批示后，拆迁工作得以进行下去。

1977年10月，刘季平同志向谷牧等同志写了报告，请求北图扩建工程争取早日动工，谷牧同志表示支持。

1978年8月和10月，李先念、乌兰夫、谷牧、余秋里、康世恩、孙平化等同志审查并批准了北图新馆工程设计修改方案。

1980年5月28日，在中央书记处会议上，听取了北京图书馆馆长刘季平同志关于图书馆问题的汇报。接着，于6月1日发出的《中央会议决定事项通知》中指出："关于新建北京图书馆问题，会议决定，按原来周总理批准的方案，列入国家计划，由北京市负责筹建，请万里同志抓这件事。"

1981年9月，文化部上报国务院，希望批准北京图书馆工程拟于1982年动工兴建，谷牧同志批示：这是周总理在世时即批准的工程，如无特殊困难，同意上马。万里同志请国家计委列入计划。

1982年5月，万里同志接到文化部《关于北京图书馆新馆工程情况报告》后，要求将此工程列入国家及北京市重要工程，指定专人负责与文化部共同努力，千方百计认真抓好建设。

1983年9月，邓小平同志题写了"北京图书馆"馆名。

1983年9月23日，邓力群、钱昌照、严济慈等党和国家领导人参加奠基典礼。文化部部长和北京市市长讲了话。

1984年7月，文化部向万里同志报告，由于原材料价格变动等原因，必须调整北图施工概算，万里同志批准按设计要求投资。

1985年4月，万里等同志批准了国家计委关于北京图书馆工程调整概算为二亿三千万元的报告。万里同志特别强调，中国应该有一个世界第一流的图书馆。

1986年11月6日上午，万里同志视察新馆工地，与国家计委、文化部、北京市及北京图书馆的有关同志进行了座谈。万里同志说，这是中国最大的文化建设，是有文化的表现。它是周总理委托我办的，如果不完成说不过去，完成了我死而无怨。同时，明确指出了"五个必须"，即钱必须给够、材料必须保证、质量必须第一流、明年"七一"必须竣工、十月必须开馆。

1987年4月18日，万里、胡启立同志来到新馆工地详细询问了工程进展情况，要求施工单位在北图工程建设上能够得到建筑最高奖赏"鲁班奖"。4月20日，胡启立同志打电话给文化部领导同志，传达万里同志所关心的问题，希望图书馆从现在起就从管理、方便读者、利用率等方面检查工程质量，有了问题及时解决，不要等到土建完成后才推倒重来。希望部领导重视此事，及时抓起来。

1987年7月17日上午9时，万里同志第三次来到新馆工地，他首先询问了通水通电的情况，特别关心建筑物的湿度问题。他说，搬迁时是雨季，运书会不会有危险？如果太潮湿就不要把书运进去而急急忙忙开馆，要按科学态度办事。他特别强调，一流的建筑和设备要有一流的管理，管理一定要达到国际水平。图书馆的管理是一门专门学问，要培养一批人才。万里同志参观后接见了新馆建设者的代表，他说：这是周总理委托办的中国目前最大的文化建设，是为中国人民办的一件大好事、为文化界办的一件大好事，希望继续努力把剩下的工作做好，干干净净，一尘不染地交给北京图书馆使用。

作为我馆主管领导部门的文化部对新馆工程进行了具体的指导，对许多重大问题作出了决策。新馆工程还得到了国家计委、国家建委、国家物资局、海关总署等中央领导部门和北京市的支持，得到了全国近百家厂商的帮助与合作。邮电部还为我馆新馆落成发行了明信片。现在，面对雄伟的建筑群，我们要感谢所有的关怀者，支持者和建设者。

建立一个专门班子是搞好新馆建设的一个重要条件。我馆于1973年就成立了基建办公室，1982年3月经文化部批准，成立文化部新馆工程筹建处，1983年2月文化部部长办公室会议决定，成立北京图书馆新馆工程领导小组。筹建处人员从馆内抽调、从馆外调进，编制为70人，加上以后成立的新馆规划办公室，实际参加工作的人员达100人左右。在整个建设过程中，他们做了大量的工作，为新馆落成立下了汗马功劳。

十多年来，全馆上下为新馆的建设、搬迁和开馆进行了辛勤的劳动，付出了心血。

以上事实说明，没有党和国家领导人的关怀，没有中央和北京市有关部门的支持，没有全国有关单位的帮助，没有全馆同志的努力，就没有北京图书馆新馆。这就是结论。

（原文刊载于《北京图书馆通讯》1987年第3期）

附录二　北京图书馆新馆工程概况

黄克武　翟宗璠　金志舜

北京图书馆是我国具有悠久历史的国家图书馆，全国图书馆事业的中心，是全国最大的综合性研究图书馆。原址坐落在北京北海公园西侧，旧馆舍建于1931年。当时的建筑面积仅8000平米，新中国成立后几次扩建，建筑总面积约40000平米，分散于北京城内各处。由于旧馆的条件和设备远不能适应我国现代化建设的需要，国家计划建设一座新馆。第一期工程的规模是容纳3000阅览座位、2500工作人员、2000万册藏书的国家大型馆，还附有1300平米的展览厅和有1200座位的报告厅。

馆址座落在西郊紫竹院公园北侧，东临白石桥路。一期工程占地面积7.42公顷。建筑总面积为14万平方米。

新馆是已故周恩来总理提议，中央国务院其他领导同志同意，国务院在1975年3月批准建设的。周总理在病中亲自审批了新馆建设计划。

1975年在国家建委主持下，召开了有建筑科学研究院、中国建筑西北设计研究院、北京市建筑设计院、上海民用建筑设计院，广东省建筑设计院、清华大学、天津大学、同济大学、南京工学院、哈尔滨建筑工程学院和北京市建委、北京市规划局、建工局、公安局以及有关的建筑界和图书馆界专家参加的会议，为北图新馆进行方案设计。会上提出了二十九个方案，基本类型为高书库低阅览和高书库高阅览。平面布局有对称型（书库居前、居中、居后）和不对称型方案，以后归纳为九个方案，经过评议筛选，再后集中为三个方案，最后博采众长，并经国务院审阅批准，成为现在的方案，由中国建筑科学研究院设计所（现建设部建筑设计院）和中国建筑西北设计研究院进行扩初设计。1981年国家计委批准了新馆工程的扩初设计。1983年6月基本完成施工图设计。同年9月23日奠基。邓小平同志为"北京图书馆"题写了馆匾。11月18日正式开工。由北京市第三建筑工程公司承建。

新馆工程，在设计上力求体现我国历史悠久、文化典籍丰富的社会主义国家图书馆特点和风格。本着适用、经济、在可能条件下注意美观的原则，做到藏书接近读者，更好地为读者服务。为了方便读者、提高效率，在大量读者使用的自然科学和社会科学阅览室实行开架阅览。这两大部门的主要书刊资料来馆后，经过登记编目首先放进开架阅览室，同读者见面，最后归入基本书库。在分编、检索、流通文献信息和管理中，尽量采用电子计算机处理，并有书、刊机械传送，缩微、照相、静电复制等设备，以提高服务质量，适应现代化管理和满足大型公共图书馆的功能要求。

新馆采用了高书库低阅览的工艺布局，低层阅览室环绕着高塔型的书库，它不是一幢建筑物而是一组建筑群，形成几个院落，14万平方米化整为零组合一起。建筑设计上采用对称严谨、高低错落，馆园结合协调和谐的布局，使之富有中国民族及文化传统的特色。九个屋顶形式，为了适应现代施工条件采用了平直简洁的造型，孔雀蓝色的琉璃瓦改造成筒板瓦相连成一个构件的挂瓦，取消了厚重的泥背，减轻了自重。墙面采用淡乳灰色的瓷质面砖，粒状大理石线脚，花岗石基座和台阶，汉白玉栏杆，这些淡雅明朗的饰面材料，配以古铜色铝合金门窗和茶色玻璃，在紫竹院绿荫的衬托下增添了现代图书馆朴实大方的气氛和中国书院的特色。此外吸取了中国庭园手法，布置了三个内院，种植花木，再现自然。

为适应交通消防和管理的需要，总体布置上在场地内围绕整个建筑物四周设置了环形道路，并有通向各个内院的通道。在读者来馆的主要入口建有停车场。环形路旁有柱式路灯，其外围除东面正中为银嵌馆名的花岗石实墙外，均用金属透空围栏，衬以松柏绿篱，使行人从远处可以看到高耸的新馆姿容和馆景。馆前东南角上保留了两棵已有400多年树龄的珍贵银杏树，迎风挺立。室外环境绿化以珍贵树种和绿地为基调，具有平面垂直绿化，层次清楚，分区明显的特点，还适当配植灌木花卉和小品，既富艺术效果，又有知识性，树木花草浑然一体，做到四季常青、三季有花，一次成型。绿地也是读者休息和环境调节不可缺少的部分，馆区有绿地面积2万平米。

主馆平面布置本着合理地简化书刊流程，方便读者使用，从而提高现代化图书馆使用效率的目的。除了在底层设置图书加工、照相复制、印刷、中央控制室、电子计算机房及有关辅助性房间外，一层及一层以上主要为读者活动区，计有目录厅，出纳台，各种类型的阅览室、研究室和工作间等。分别为：

东楼区C段与B段布置有社会科学阅览室、善本金石阅览室、少数民族语文阅览室、研究室、第三综合阅览室和既可举行专题讨论会又可召开一定规模国际性学术会议的多功能大厅等用房。三个颇具特色的接待室也设在C段大厅的北侧。

南楼区D段与E段布置自然科学的各个分科阅览室，参考、工具书阅览室，第一综合阅览室和规模较大的目录厅、出纳厅，这里将设有完备的目录体系和先进的检索手段，装有电子计算机终端，供读者使用。厅前还有宽敞明亮装有玻璃顶的休息中庭。离中庭不远处设有供读者就餐的快餐厅。

北楼区G段布置报刊资料库、报刊资料阅览室、音乐阅览室和各种大小不等的视听资料阅览室，它们分别供给读者个人或集体使用，可以放映电影、录像，或举办小型讲座。还布置有美术研究资料室及第二综合阅览室。

西部南、北二个阅览单元，其南为F段多种分科自然科学阅览室，其北为H段缩微文献阅览室等。

读者入馆后经由南北两条人行干线可直达各读者活动区，交通流畅。另有环绕书库的走廊连接各读者活动区，收流程简捷，经纬分明之功效。

东北角上是一组相对独立的建筑，K段展览厅和M段报告厅，各有独自出入口。展览厅为一带有玻璃顶中庭的口字型大空间，能连通使用，也可灵活分隔成若干小规模的展览区。这里将是多种专题书刊资料的展览场所，分隔展览空间与中庭的玻璃隔断增添了空间的穿透感。拥有1200个座位的报告厅带有楼座，讲台上设有宽银幕。厅内还备有同声翻译用的译员室、录音、录相设备和效果良好的音响装置。

最北为J段业务行政办公楼，这里形成一个行政办公区：包括L段全馆变电、冷冻机房、食堂和临时车库。西北角上为N段锅炉房和带有太阳能热水器装置的职工浴室。

虽然这组建筑群体大，阅览室和书库及部分业务用房有空调设施，但仍考虑在大部分阅览区能利用良好的自然通风和天然采光，以节约能源。

为满足主馆室内空间使用上的灵活性和可变性，能同时适应阅览、藏书和业务办公的要求，采用了统一柱网尺寸：有6米×6米，6米×9米，6米×12米，报库采用6米×7.2米等几种规格以扩大空间的互换性。

全馆室内环境设计着重于改善读者的阅览和馆员的工作条件，探求完整的空间处理，创造舒适安静的阅览环境，而不搞豪华的装修和装饰。馆内按照读者人流和流动情况安排了门厅、出纳厅、休息厅等五个大小不等的活动空间，形成几个不同的空间序列，使空间变化比较丰富。如高达9.6米的东门大厅，由洁白的汉白玉八角桂，浅色矿棉吸音板吊顶和光洁的贵妃红庐光花岗岩地面，构成一个安静典雅的环境。在靠近入口的地面上还设置有汉白玉贴面的花台点缀着花卉绿叶，为大厅增添了色彩。通过别致的门庭，进入庄重古朴的善本阅览室，两旁各有一幅展现我国悠久历史文化的巨型紫砂陶瓷壁雕《中国古代文明》。自大厅向左右走去，是环形的休息廊，透过高大的玻璃窗，可以看到两个各为楼群环抱的庭园叠形花台小品，配以红枫、香柏和天目琼花等草木花卉，令人赏心悦目。沿休息廊向南进入全馆枢纽目录大厅、出纳厅和带有球节点网架玻璃顶的中庭。庭内设有浅水池和座凳，配以南天竹、变叶木、君子兰、紫竹等树木花卉。四周以灰白色的面砖墙和十二根圆形仿石柱构成富有生活气息的空间。正对出纳厅上部墙面上有一幅大型陶瓷壁画《现代与未来》。这里为读者休息、交流、候书、观赏创造良好的环境。其他读者活动的内庭也都布置了室内绿化、休息座椅和建筑小品，并都有玻璃屋顶或高天窗，扩大了使用空间，阳光直射进庭，取得较好过渡空间的效果。

阅览室内则保持充足的光照、良好的通风，并布置舒适的阅览桌椅和亲切安静的室内陈设。具体做法是大面积白色不燃矿棉吸音板吊顶，配以条型日光灯带。地面采用阻燃、防静电地砖式尼龙地毯，易于相互交换，并增加吸音效果。阅览桌椅用料以有温暖质感的木材为主。

报告厅和集中使用的视听室则根据建筑声学功能做好音质处理，采用合适的装修材料和灯具。

室内绿化主要用于公共活动场所，所选植物种类原则上要求习性强健，栽培容易，在室内条件下能保持较长时间的正常生长状态与观赏时间。一般以棕榈科植物为主体、以绿为主，帮助读者减少视觉疲劳。仅在节日和重点部位点缀少量盆花，使室内空间在安静中生机盎然。

根据地区抗震设防烈度八度要求，设计考虑合理选用新结构、新材料和新的施工方法。对基本书库A段，采用刚度较大的剪力墙筒体结构，外墙结合承重、抗震和保温隔热要求，采用200号轻混凝土，楼板采用现浇钢筋混凝土双向密肋板、塑料模壳施工。

各种阅览室及管理等建筑采用现浇钢筋混凝土框架剪力墙或框架结构，其中B、C、D、G、K段楼板为塑料模壳施工，其他为装配式预应力钢筋混凝土空心板。

报告厅的屋盖采用钢屋架、大型屋面板。几个玻璃顶中庭则采用螺栓球节点钢网架，铝合金中空玻璃方锥体天窗。

基础部分，由于基本书库、报库有三层地下室，E段和J段有一层地下室，均采用钢筋混凝土箱型基础，其他部分根据荷载大小等具体情况，选用独立基础或条型基础。

由于场地部分在南长河河道区，土质松软而不均匀，承载力低，不宜作天然地基，设计单位经与馆方、三建公司共同研究，采用人工地基钢筋混凝土大口径桩，加快了施工进度。

由于国家图书馆建筑为一级耐火等级，因此采用了可靠先进的防灾及灭火系统，全馆除设置一般消火栓系统外，在基本书库、报库的地下部及电子计算机房设置1301卤代烷自动喷洒灭火装置，并在全馆适当部位装有烟感器、温感器或光感器。

为了提高各种建筑设施的使用效率、保证建筑物及馆藏的安全、节约能源，全馆设有以消防、空调设施为主的集中控制与管理系统——中央控制室，以成套自动化系统的微型电子计算机，与区域控制盘配合，联成网络，负责全馆的监控。功能有：

（1）火灾探测、报警、防排烟系统的运行，防火卷帘及重点部位防火门的启闭状态均可在中央控制室内显示。

（2）控制室内设置有紧急有线广播，消防专用电话，电梯监察，监视电视等设备。

（3）控制空调系统和变配电的运行，在火灾时发出指令，并显示动作结果等。

为了提高工作效率，缩短读者候书时间，全馆在出纳厅和书库之间装置了索书及运书设备，并分别采用借阅单气力输送和自走台车运书系统。

全馆根据各区的不同要求，采取不同标准的空调和采暖方式。如电子计算机房、特藏库、胶卷库、胶片冲洗间等，由于工艺要求在常年内控制温度和相对湿度，采用了自带冷热源的空调机组。基本书库、报库、资料库等采用集中冷、热源的带有加湿段的装配式空调器。各阅览室、目录厅等夏季采用集中冷源，配有空调器或风析盘管降温，冬季为集中采暖。其他用房则均采用自然通风和集中采暖。

给水由城市管网供给，主体分设三个供水区，南区、北区和高压区，分别由泵房内设置的分区加压水泵供给，自成系统并连成环网。必要时可互为备用。

在馆内设置有读者供水点，提供复合净水和加热饮用水。

污水分别经由中和池、化粪池排入城市污水干管。雨水采用排水暗沟向南排入南长河。

由于供电列为一级负荷，主进线由二个变电站分二路10KV高压独立电源供电，同时工作，互为备用。

室内照明光源以日光灯为主，部分房间采用白炽灯，室外照明采用高压钠灯，全馆除设有正常照明外，还设有节日照明和紧急疏散用事故照明。

建筑物防雷措施采用带式避雷网。

全馆设有五处有线广播站，并采用1200门程控式电话交换机和装置有共用天线电视接收系统。

北京图书馆新馆工程，自1975年开始，历时十二年，经过千万人的努力，现在已屹立在紫竹园畔。它像一颗璀璨的明珠，给图书馆事业带来新的生气，它是一座宏伟的书城，将为祖国四化建设贡献出无穷的智慧。它的建成和投入使用标志着北京图书馆逐步迈向现代化图书馆之林。我们祝愿它在全国图书馆事业中发挥其国家图书馆的巨大作用。

（原文刊载于《图书馆学通讯》1987年第3期）

后　记

　　自1909年京师图书馆草创，国家图书馆历史已逾一百一十年。百多年来，馆舍几经变迁，业务不断拓展，服务范围扩大，服务手段推陈出新。一代代国图学人沉潜笃实，孜孜以求，国家图书馆遂成中国近代学术重镇之一，在思想、学术和文化等领域涌现出一批专家学者，影响既深且广，泽被后人。

　　国家图书馆历来重视总结与回顾自身建设与业务发展历史。1992年和1997年分别对1909—1949、1949—1966年间的档案资料爬梳整理，出版4册《北京图书馆馆史资料汇编》。2009年建馆百年之际，国家图书馆编修《中国国家图书馆馆史》，并将1909—2008年的馆史资料编纂成《中国国家图书馆馆史资料长编》出版。上述资料，采撷繁富，寻绎检录，卓然可传，治馆史者可谓得津逮也。然挂一漏万，遗珠殊多，仍有部分档案资料未尽搜罗。不少馆史资料因种种原因，尚分散于馆内各个部门，甚至馆外有关机构和个人手中，没而不著，亟待整理，不容泯灭。已经整理汇编之馆史资料，亦尚待开展专题性研究。

　　有鉴于此，2014年国家图书馆研究院策划启动了"国家图书馆馆史资料征集、整理与研究项目"并获得馆方专项经费支持。该项目主要包括两个方面内容：

　　一是馆史资料征集与整理。项目所涉及的"馆史资料"是指国家图书馆建立以来所形成的与本馆建设发展、业务活动等相关的各类历史资料。二是馆史专题研究。旨在对各类馆史资料进行搜集和整理的基础上，按照专题的方式开展研究，总结经验教训，为未来事业发展提供借鉴。主要包括以下六个专题：1.国家图书馆历史变迁；2.馆藏文献的构成、保护与利用；3.重要机构的沿革及其职能；4.重要业务工作及其制度的形成与施行；5.人物研究；6.重大工程与重点项目。

经过各课题组的不懈努力，截至2019年底，共有14个课题申请结项。鉴定专家组一致认为，"国家图书馆馆史资料征集、整理与研究项目"整理出一批珍贵档案资料，获得一系列较高水平的研究成果，其优秀成果值得出版。为此，经课题组进一步补充完善，有四项优秀研究成果获得国家图书馆出版资助，遂有此编。

百余年来，赖几代国图先贤披榛得路之功、励精图治之力，国家图书馆取得举世瞩目之巨大成就。习近平总书记在给国家图书馆老专家回信中指出："110年来，国家图书馆在传承中华文明、提高国民素质、推动经济社会发展等方面发挥了积极作用。一代代国图人为此付出了智慧和力量。"馆史是国图一笔极为丰富而珍贵的精神财富，值得一代代国图人学习继承和弘扬光大。读史使人明智。鉴古知今，兴废得失，于是可稽。"国家图书馆馆史资料征集、整理与研究项目"之实施，对于继承发扬国图之优良传统，推进馆史研究的深入开展，其重要意义不待多言，洵足以有力推动我国图书馆史之研究。回眸历史是为了不忘初心，砥砺前行，秉承"传承文明，服务社会"的宗旨，为建设社会主义文化强国再立新功。

国家图书馆研究院

2021年7月